# 微電腦原理與應用－Arduino

黃新賢、劉建源、林宜賢、黃志峰　編著

全華圖書股份有限公司

國家圖書館出版品預行編目資料

微電腦原理與應用：Arduino / 黃新賢等編著. --
三版. -- 新北市：全華圖書, 2019.02
面；　公分
ISBN 978-986-503-026-1(平裝)

1.CST: 微電腦　2.CST: 電腦程式語言

471.516　　　　　　　　　　　107023401

# 微電腦原理與應用－Arduino

## (附範例光碟)

作者 / 黃新賢、劉建源、林宜賢、黃志峰
發行人 / 陳本源
執行編輯 / 張曉紜
出版者 / 全華圖書股份有限公司
郵政帳號 / 0100836-1 號
印刷者 / 宏懋打字印刷股份有限公司
圖書編號 / 06239027
三版四刷 / 2022 年 08 月
定價 / 新台幣 360 元
ISBN / 978-986-503-026-1(平裝)
全華圖書 / www.chwa.com.tw
全華網路書店 Open Tech / www.opentech.com.tw
若您對本書有任何問題，歡迎來信指導 book@chwa.com.tw

**臺北總公司(北區營業處)**
地址：23671 新北市土城區忠義路 21 號
電話：(02) 2262-5666
傳真：(02) 6637-3695、6637-3696

**南區營業處**
地址：80769 高雄市三民區應安街 12 號
電話：(07) 381-1377
傳真：(07) 862-5562

**中區營業處**
地址：40256 臺中市南區樹義一巷 26 號
電話：(04) 2261-8485
傳真：(04) 3600-9806(高中職)
　　　(04) 3601-8600(大專)

微電腦系統是大專電機、電子及資工,甚至其他自動化有關的工程與資管系科都必須學習的重要課程。微電腦系統的應用與設計通常必須先有微電腦原理與結構之基礎,加上數位與類比電子學的觀念以及程式設計的技能,才能規劃較完整的微電腦應用系統,並進行韌體與硬體整合之系統設計。

2005 義大利米蘭的 Ivera 互動設計學院提出 Arduino 計畫以後,將微電腦系統的應用與設計從電資與自動化工程的學習領域,延伸至創意設計與人機互動有關的學習領域,包括藝術家與設計師、甚至所有的有興趣者,都可以經由學習簡單的程式設計與基本的電子與感測器概念,即可從事 Arduino 微電腦應用系統的設計與創作。

本書由多位科技大學資深電子與資工的教授共同規劃與撰寫。書籍內容以 Arduino 技術為核心,從微電腦概論、系統開發流程、整合開發環境、以及程式語言等基本介紹,到微電腦數位輸出、數位輸入、類比輸出入、串列通信、中斷服務等原理解說與基本實驗,最後並將前面所有章節內容統整,設計了 12 項綜合練習,讓學習者能更靈活應用 Arduino 技術於實務專題與互動創意設計。

本書除了有上述完整的基本原理與實驗解說,而適合做為微電腦應用系統教學或互動創意設計的參考用書之外,每一節內容之後大多有提供延伸思考與設計的練習題,每一章內容之後也都有提供選擇題、問答題與實作題,以協助教師評量教學之成效或自學者檢視學習之成果。書本中各個章節的範例程式都經作者的實測與驗證,程式原始碼則依章節順序收錄於本書所附的 CDROM 中。

　　作者希望本書能帶給讀者簡潔、易學、系統性的 Arduino 微電腦概念、以及實用的 Arduino 微電腦應用系統設計的技能，並能激勵讀者持續對 Arduino 微電腦應用與互動創意設計的興趣。最後，作者要感謝所有為 Arduino 計畫貢獻的先驅，以及關心與促成本書出版的所有親朋好友的鼓勵與工作團隊的努力。

# 編輯大意

「系統編輯」是我們的編輯方針,我們所提供給您的,絕不只是一本書,而是關於這門學問的所有知識,它們由淺入深,循序漸進。

本書由多位科技大學資深電子與資工的教授共同規劃與撰寫。書籍內容以 Arduino 技術為核心,從微電腦概論、系統開發流程、整合開發環境、以及程式語言等基本介紹,到微電腦數位輸出、數位輸入、類比輸出入、串列通信、中斷服務等原理解說與基本實驗。除了有完整的基本原理與實驗解說,適合做為微電腦應用系統教學或互動創意設計的參考用書之外,每一節內容之後大多有提供延伸思考與設計的練習題,以及選擇題、問答題與實作題,以協助教師評量教學之成效或自學者檢視學習之成果。書本中各個章節的範例程式都經作者的實測與驗證。適用於科大電子、電機及資工系「微算機原理與應用」、「微電腦控制實習」課程使用。

同時,為了使您能有系統且循序漸進研習相關方面的叢書,我們以流程圖方式,列出各有關圖書的閱讀順序,以減少您研習此門學問的摸索時間,並能對這門學問有完整的知識。若您在這方面有任何問題,歡迎來函連繫,我們將竭誠為您服務。

## 相關叢書介紹

書號：10382007
書名：單晶片 8051 與 C 語言實習
　　　(附試用版與範例光碟)
編著：董勝源
20K/552 頁/420 元

書號：10521
書名：單晶片 ARM MG32x02z
　　　控制實習
編著：董勝源
20K/586 頁/600 元

書號：06494007
書名：嵌入式系統(使用 Arduino)
　　　(附範例程式光碟)
編著：張延任
16K/410 頁/450 元

書號：10443
書名：嵌入式微控制器開發 - ARM
　　　Cortex-M4F 架構及實作演練
編著：郭宗勝.曲建仲.謝瑛之
16K/352 頁/360 元

書號：06467007
書名：Raspberry Pi 物聯網應用
　　　(Python)(附範例光碟)
編著：王玉樹
16K/344 頁/380 元

◎上列書價若有變動，請以
　最新定價為準。

## 流程圖

書號：06240027
書名：C 語言程式設計與應用
　　　(第三版)(附範例光碟)
編著：陳會安

書號：06494007
書名：嵌入式系統
　　　(使用 Arduino)
　　　(附範例程式光碟)
編著：張延任

書號：06467007
書名：Raspberry Pi 物聯網應
　　　用(Python)(附範例光碟)
編著：王玉樹

書號：0542009/0542107
書名：電子學實驗(上)(第十版)/
　　　(下)(第八版)
編著：陳瓊興

書號：06239027
書名：微電腦原理與應用-
　　　Arduino(第三版)
　　　(附範例光碟)
編著：黃新賢.劉建源.
　　　林宜賢.黃志峰

書號：05419037
書名：Raspberry Pi 最佳入門
　　　與應用(Python)(第四版)
　　　(附範例光碟)
編著：王玉樹

書號：04F32116/04F33106
書名：電子學上冊/下冊
　　　(附鍛練本)
編著：蔡朝洋.蔡承佑

書號：06028037
書名：單晶片微電腦 8051/
　　　8951 原理與應用
　　　(C 語言)(第四版)
　　　(附多媒體光碟)
編著：蔡朝洋.蔡承佑

書號：10443
書名：嵌入式微控制器開發 -
　　　ARM Cortex-M4F 架構及
　　　實作演練
編著：郭宗勝.曲建仲.謝瑛之

# CONTENTS
## 目 錄

## 5 輸入原理與基本實驗     **93**

## 6 類比輸出入原理與基本實驗     **117**

## 7 串列通信原理與基本實驗     **141**

## 8　中斷工作原理與基本實驗　　165

## 9　綜合練習　　185

Arduino

# 微電腦概論

## 1-1 微電腦基本結構

微電腦系統的組成包含硬體(Hardware)和軟體(Software)。基本的硬體結構如圖 1-1-1 所示，構成要件有：

1. 中央處理單元(CPU)：

其組成包括算術邏輯單元(Arithmetic&Logic Unit，簡稱 ALU)、控制單元(Control Unit)、暫存器(Register)及匯流排(Bus)等。

(1) 算術邏輯單元(ALU)

使用電腦的主要目的是對於資料的處理與運算，當資料由輸入單元進入記憶單元後，便利用算術邏輯單元將資料加以運算及整理成各種有用的資料。其中算術邏輯單元可執行加、減、乘、除等算術運算，以及比較、移位、AND、OR、NOT 等邏輯運算，因此稱為算術與邏輯單元。

(2) 控制單元(CU)

控制單元是微電腦系統的指揮中心,用來控制與指揮電腦各單元間相互運作、資料傳遞等,主要的功能包括:

◆ 負責通知輸入單元何時將資料存入記憶單元,通知何時讀取記憶體資料送出輸出單元。

◆ 控制輸出的週邊設備。

◆ 對記憶體內每一個指令予以提取(fetch)、解碼(decode)與執行(execute),決定指令的動作。

(3) 暫存器(Register)

暫存器是 CPU 中暫時存放資料的地方,也是電腦所有記憶單元中存取資料最快的裝置,常見的暫存器有累加器、指令暫存器、位址暫存器、一般用途暫存器、旗標暫存器、程式計數器。

(4) 匯流排(Bus)

匯流排是電腦元件間互相傳遞訊息、溝通資料的管道,位於 CPU 內部的匯流排稱為「內部匯流排」,依照所傳遞訊號的類型又可分為位址匯流排(Address Bus)、資料匯流排(Data Bus)、控制匯流排(Contrl Bus)。

2. 記憶體單元(Memory Unit):

記憶體單元負責儲存程式資料或運算的結果,依其內部結構及性能,可分為唯讀記憶體(Read Only Memory,簡稱 ROM)與隨機存取記憶體(Random Access Memory,RAM)二種。

(1) 唯讀記憶體(ROM)

ROM 的特性是所儲存的資料只能被讀出,而不能寫入,即使停電,資料也不會消失,所以 ROM 常用來儲存微電腦系統所需執行的程式碼或固定資料。

(2) 隨機存取記憶體(RAM)

RAM 能很快地完成資料的讀出及寫入工作,雖然可以隨時讀出及寫入資料,但關機後,RAM 的內容就會全部消失。因此 RAM 常用來儲存使用者隨時編寫即將執行的程式碼或非固定資料。一般所稱的記憶體容量即指 RAM,其記憶體容量愈大,能使用的空間也就愈多,功能便愈強。

3. 輸入/輸出單元(Input/Output Unit):

輸入單元主要是提供一個介面,負責將外部週邊介面的資料輸入傳送至記憶單元內儲存,以供程式執行。輸出單元負責將 CPU 處理過的結果資料輸出至 I/O,以便週邊設備作控制之用。

負責將電腦要處理的資料(Data)或命令,電腦工作的程式(Program),送進電腦的記憶單元。它的功能就像人體的感覺器官一樣。一般常見的輸入設備有鍵盤、讀卡機、光筆、電動玩具的搖桿及滑鼠等。

輸出單元的功能是利用各種輸出週邊設備將我們所需要的答案透過此介面顯示出來,常見的輸出設備有螢幕、印表機、磁碟機等。I/O 單元就是輸入單元與輸出單元的合稱,經由此 I/O 介面就能存取 I/O 週邊設備。

4. 時脈產生器(Clock Generator):

目的就是要提供時脈給 CPU 或其它元件使用。

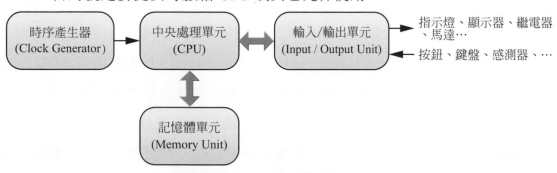

◎ 圖 1-1-1　微電腦系統基本架構

其中每一個方塊都是獨立的單元,實體上是由許多 IC 所組成,每個單元間再透過匯流排相互連接。

## 1-2　單晶片微電腦

　　單晶片微電腦(Single-Chip Microcomputer)是把微電腦系統所有單元整合在一片晶片(Chip)上，其驅動和控制線直接、擴充容易、簡單易學，且成本低，因此單晶片微電腦常被應用在自動控制上，例如微電腦冷氣機、微電腦洗衣機、電子秤、防盜器、廣告看板等，所以單晶片微電腦常被稱為微控制器(Micro Control Unit，MCU)。在台灣習慣稱作「單晶片」，在大陸則稱「單片機」。

　　目前單晶片微電腦的種類繁多，主要包括 Intel 公司的 MCS-51 系列、Atmel AVR 系列、Microchip PIC 系列、TI TMS 系列，還有國內盛群公司 HT 系列等等，惟 AVR 跟其它單晶片比起來，特殊功能特別多，比如內建 PWM 輸出、A/D 轉換等，都是其它家比較缺乏的。

## 1-3　Arduino 開發板介紹

　　Arduino 計畫是在 2005 年 1 月由 Massimo Banzi、David Cuartielles、Gianluca Martino、Tom Igoe 以及 David Mellis 共同創作於義大利米蘭的 Ivera 互動設計學院，Arduino 主要是針對創意互動設計有興趣者、設計師、以及藝術家所開發。原始構想是希望讓設計師及藝術家們，透過 Arduino 很快的學習電子和感測器的基本知識，且能快速的設計、製作作品的原型，能與目前設計系所學的 FLASH、MAX/MSP、Virtool 等軟體整合，使得虛擬與現實的互動更加容易。互動的內容設計才是設計師的主要訴求，至於怎麼拼湊一個單晶片開發板，或是當中涉及如何建構電路之類的相關電子知識，就並非設計師需要了解的，他們只要能設計出各種不同的互動裝置即可，因此 Arduino 非常適合不具電子背景的人使用。

　　Arduino 是一塊使用 Atmel AVR 單晶片發展出來的 I/O 介面控制開發板，最初是採用 Atmel AVR 系列的 8 位元微控制器 IC 設計成的單板微電腦，2013 年則已進步到使用 Atmel ARM 架構的 32 位元微控制器。軟體方面是使用類似 Java、C 語言的 Processing 軟體開發環境，我們可以很容易使用 Arduino 語言開發完成電子元件的控制，例如 LED、按鍵、步進馬達、各類感測器或其他控制裝置。更重要的是它非常簡單，可以與眾多程式語言(FLASH、MAX/MSP、Virtool、C#、VB、C++)結合，成為教學程式語言的教具，適合應用在教學活動上。因為 Arduino IDE 開發介面基於開放原始碼(open source)的原則，故可以免費下載參考與使用，其開放策略使得目前世界各地智慧互動電子的專題設計蓬勃發展，因此**本書即以 Arduino UNO 開發板系列作為主要探討的對象**。

　　Arduino 團隊因應各種專案應用，發展出許多不同大小與效能的開發板，以下將略作介紹。

(1) **Arduino Micro** 開發板是團隊與 Adafruit 公司合作發展出來的，此板是以 16MHz 的 ATmega32u4 微控制器為核心、有 20 支 IO 腳，透過 microUSB 接頭連接到 PC，同時由於外型小巧，可直接插在實驗用麵包板上，如圖 1-3-1 所示。

◎ 圖 1-3-1　Arduino Micro 開發板

(2) **Arduino Mini** 開發板是採用 ATmega328 微控制器為核心、有 14 支 IO 腳，燒錄程式時必須再透過 USB 轉接板才能連接到 PC，同屬外型小巧，可直接插在實驗用麵包板上，如圖 1-3-2 所示。

◎ 圖 1-3-2　Arduino Mini 開發板

(3) **Arduino UNO** 開發板是採用 ATMega328 微控制器為核心、有 14 支數位 I/O 腳(其中 6 組可做 PWM 輸出)、6 支類比輸入腳，燒錄程式時透過 USB 接頭連接到 PC、USB 接口供電，不需外接電源，如圖 1-3-3 所示。

◎ 圖 1-3-3　Arduino UNO 開發板

(4) **Arduino MEGA2560** 開發板是採用 ATmega2560 微控制器為核心、具有 54 支數位 I/O 腳(其中 14 組可做 PWM 輸出)、16 支類比輸入腳、4 組 UART(hardware serial ports)，燒錄程式時透過 USB 接頭連接到 PC、USB 接口供電，不需外接電源，如圖 1-3-4 所示。

◎ 圖 1-3-4　Arduino MEGA2560 開發板

(5) **Arduino LilyPad** 開發板是採用 ATmega328 微控制器為核心，是基於 Arduino 的一種可穿戴技術，每個 LilyPad 都可以創造性地使用導電縫紉線，讓他們縫在衣服上，成為服裝的一部分。LilyPad 有各種輸入，輸出，電源和傳感器板可供選擇。他們甚至能水洗！如圖 1-3-5 所示。

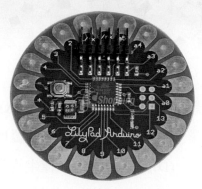

◎ 圖 1-3-5　Arduino LilyPad 開發板

(6) **Arduino Due** 開發板是採用 Atmel SAM3X8E 微控制器板，它是第一塊基於 32
位 ARM 核心的，有 54 個數位 IO input/output 端(其中 12 個可用於 PWM 輸出)、
16 組類比輸入端、4 路 UART 硬體串口、84 MHz 的時鐘頻率、一個 USB OTG
介面、兩路 DAC(模數轉換)、兩路 TWI、一個電源插座、一個 SPI 介面、一個
JTAG 介面、一個復位按鍵和一個擦寫按鍵，如圖 1-3-6 所示。

◎ 圖 1-3-6　Arduino Due 開發板

## 本章習題

**選擇題**

(　)1. 下列有關微處理機之敘述，何者錯誤？　(A)微處理機是微電腦的核心　(B)微處理機在工業上可運用於烤箱以控制溫度　(C)CPU 是由控制單元和記憶單元所組成　(D)微處理機是一種半導體晶片。

(　)2. 中央處理單元(CPU)不包含下列那一部份？　(A)輸出單元　(B)暫存器單元　(C)算術邏輯單元　(D)控制單元。

(　)3. 下列關於 ROM 和 RAM 半導體記憶器的敘述何者正確？　(A)當電源移去後，動態 RAM 仍可保持原有的資料　(B)靜態 RAM 需要不停的再新，以維持資料正確　(C)ROM 只具有讀出資料的功能　(D)ROM 儲存的資料會隨程式的執行而變動　(E)以上皆非。

(　)4. 下列敘述，何者有誤？　(A)記憶單元可分為主記憶體和輔助記憶體，程式要執行時，須先存入主記憶體中　(B)唯讀記憶體，只能讀出資料而不能寫入資料，當電源關掉時，其資料即消失　(C)電腦資料中最小單位是位元(Bit)　(D)隨機記憶體能讀出資料亦能寫入資料　(E)控制單元負責電腦內其它各單位之間的配合動作。

(　)5. 下列敘述中，何者為動態隨意存取記憶器(DRAM)的主要特性？　(A)只要電源不中斷，DRAM 內的資料可永遠保存　(B)如想消除 DRAM 內的資料，可用紫外線照射之　(C)DRAM 內的資料每隔一段時間即須更新一次，否則會消失　(D)DRAM 與可規劃唯讀記憶體(PROM)類似。

(　)6. 下列電路何者通常不包括在單晶片微電腦內？　(A)資料記憶體　(B)程式記憶體　(C)輸入/輸出埠　(D)快取記憶體。

(　)7. 下列有關 Arduino 敘述，何者錯誤？　(A)Arduino 是一塊使用 Atmel AVR 單晶片發展出來的 I/O 介面控制開發板　(B)採用 Atmel AVR 系列的微控制器 IC 來設計成的單板微電腦　(C)軟體方面是使用類似 Java、C 語言的 Processing 軟體開發環境　(D)Arduino IDE 開發介面是需付費的軟體。

( )8. 下列有關 **Arduino UNO** 開發板敘述,何者錯誤? (A)有 16 支數位 I/O 腳 (B)燒錄程式時透過 USB 接頭連接到 PC (C)6 支類比輸入腳 (D)採用 ATMega328 微控制器為核心。

( )9. 下列有關 **Arduino MEGA2560** 開發板敘述,何者錯誤? (A)有 54 支數位 I/O 腳 (B)USB 接口供電,可以不需外接電源 (C)16 支類比輸入腳 (D)採用 ATMega328 微控制器為核心。

( )10. 下列關於「RAM」的敘述中,何者錯誤? (A)儲存的資料能被讀出 (B)電源關掉後,所儲存的資料內容都消失 (C)能寫入資料 (D)與 ROM 的主要差別在於記憶容量大小。

## 問答題

1. 請簡要說明微電腦系統硬體的構成要件為何?
2. 請簡要說明何謂單晶片?
3. 請簡要說明 ROM 的特性與用途?
4. 請簡要說明 RAM 的特性與用途?
5. 請利用網際網路找出 Arduino 開發板實際應用的例子,並註明其網址。

# CHAPTER 2

# 微電腦應用系統的開發流程及環境介紹

　　微電腦的軟體設計可視為軟體工程的局部縮影，因此本章的第一節將簡介軟體工程，使讀者對於資訊系統的開發有整體性的基本概念。第二節將討論範圍聚焦於軟體工程中的程式設計階段。第三節會介紹開發 Arduino 程式所使用的 Arduino IDE 整合開發環境與其操作程序。第四節將以一個簡單專案範例來說明整個軟體開發的程序和操作步驟。

## 2-1 軟體工程概述

　　一般資訊系統是由運算硬體、軟體程式、網路通訊界面、與周邊裝置等所構成。資訊公司或專業人員通常會按照專案所要應用場域的差異，來進行系統的需求分析、系統設計、程式設計、整合測試、專案管理和系統文件撰寫等工作，其連結關係如圖 2-1-1 所示。這些工作可通稱為系統工程(System Engineering)或軟體工程(Software Engineering)，稱之為軟體工程的原因是這類資訊系統大部分的設計工作是屬於軟體程式設計。經由軟體工程的系統性程序所開發出的資訊系統，可以獲致較佳的適用性。因此，資訊系統專案成立開始，開發人員就應該嚴謹遵守每一個階段的要求，不宜輕忽任何一個階段。

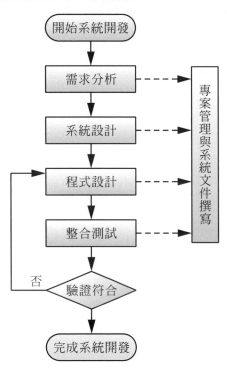

◎ 圖 2-1-1　軟體工程之開發流程

　　**專案管理**階段的任務是透過制度化管理來協助資訊系統的開發，使開發工作能順遂，完成的資訊系統除了達成系統運作功能上的要求之外，在時間與成本方面也能符合專案所設定的目標。因此，專案管理的工作內涵主要有下列面向需做規劃與管理，包括專案人力、經費預算、時間管制、系統需求、設計方法、文件標準、風險評估等。實務上，如能做好專案管理工作則可確保系統開發的多項目標可以同時達到，換言之可避免開發落入無法完成的窘境。

　　**需求分析**階段的主要任務是以系統化步驟來界定所要開發資訊系統的功能。負責系統需求分析的專業人員通常兼專案經理或由具有經驗的系統分析師來擔任，透過應用領域表單、資料收集與應用領域專家訪談，逐步勾勒出系統雛型與功能，再透過多次技術討論會議來澄清雛型系統功能是否符合應用需求，這些討論過程通常會反覆(Iterative)進行，直到系統需求可以完全被滿足為止。需求分析的結果必須以需求規格書的文件型式呈現，明確定義系統目標與所需達到之各項功能要求，此需求規格書將作為下一階段系統設計以及系統整合測試後是否符合系統需求的驗證依據。

　　**系統設計**階段將遵循需求規格書所載的各項功能需求進行系統分析與設計。需求規格書會被系統分析師改寫成資訊系統的表示形式，包括以資料流程圖(Data Flow Diagram, DFD)來描述系統作業流程與功能，每個資料處理程序則以自然語言描述之，DFD 將在後續結構設計時被轉成結構圖(Structure Chart, SC)，基本上，結構圖中的每一模組即對應到程式設計時的各模組。而 DFD 中的儲存資料則以個體關係模型(Entity-Relationship Model, ER-Model)來定義，ER-Model 後續將被視為資料庫的架構(Database Schema)。人機介面中的表單內容設計、其操作功能與互動方式也應以矩陣表或樹狀圖的方式加以定義。最後輸出報表的種類、格式內容、與作業方式也須加以設計。以上所述以結構化分析設計的方法論為主來概述系統設計之方法，欲知更詳細步驟可參閱結構化系統分析設計的專書。另有書籍探討物件導向式系統分析設計的方法論，有興趣讀者可另行參考相關書籍。不論何種方法論都有其優點也都有其遵循者，只要其設計之結果能精確記述於系統設計規格書中，以供程式設計師遵循並正確的設計程式，都算是洽當的設計。

**程式設計**階段程式設計師將依系統設計規格書來撰寫成對應的程式模組。所使用的整合開發環境與程式語言需依照需求規格書與系統設計規格書的要求，程式設計師除了程式模組設計之外，也需進行模組測試或單元測試，以初步驗證程式的正確性。另外，撰寫完整的程式碼文件也非常重要，以協助未來維護程式的工程師能確實了解程式功能與邏輯。

**整合測試**階段需將所有設計的應用程式整合運作並做系統層面的功能驗證，驗證時是以需求規格書為依據，逐項進行功能檢視。對於符合需求規格書的程式可視為通過測試，萬一有不符合需求者，將會被詳實記錄以進行程式模組修改。原則上系統設計不應該再被修改，否則就不算是良好的系統設計，因為到了整合測試階段還去調整系統設計架構的成本是非常高的。整合測試最後將以數天到數週的連續運轉性能測試作為系統驗收與否的依據。

**系統文件撰寫**是系統開發的每一階段都必須確實地撰寫，因為前一階段所完成的文件是後續階段據以設計的基礎。太過簡略、甚至錯誤的敘述，將可能使後續階段的設計者有錯誤的推測，導致錯誤的雪球效應產生。正確的系統文件對未來系統維護工作也是至關重要的。

## 2-2 微電腦應用系統的開發流程

　　微電腦常用於嵌入式系統或智慧型控制系統的設計上。微電腦應用系統的設計規模，雖然只是中大型資訊系統的幾十分之一，但開發流程與一般資訊系統是很類似的。

　　以屋內環境舒適度感測器的設計為例，首先著手需求分析，假設經由與使用者討論後，定義此環境舒適度感測器的功能需求如下：

* 使用一個溫度感測器偵測室內溫度。
* 使用一個濕度感測器偵測室內濕度。
* 使用兩行式文字型 LCD 來顯示室內溫度與濕度。
* 使用一個微處理機並撰寫其控制程式。
* 控制程式每隔 1 秒讀取 1 次溫度感測器與濕度感測器的類比值，並換算成所要顯示的攝氏溫度與相對溼度。

　　接著，硬體工程師依據上述需求規格尋找適用的溫度感測器與濕度感測器、文字型 LCD、以及微處理機或微控制器，並定義其 I/O 接腳編號、電路接線圖、以及感測電壓信號範圍。軟體工程師則依據 I/O 接腳編號和感測電壓範圍，開始進行控制軟體設計。由於所舉例的環境舒適度感測器的功能很單純，不需要用到完整的系統設計，只需以圖 2-2-1 程式流程圖做為程式設計的藍圖即已足夠。但對於複雜度更高的環境監控系統而言，則可能需用到更多完整的軟體工程設計方法。

　　軟體工程師接著進行程式編碼工作，程式語言與所選用的微處理機有高度相關性，但並非單一不可變，例如 ANSI-C、Processing、Java 等都是常見的程式語言。對於本書所使用的 Arduino IDE 整合開發環境而言，ANSI-C 是最適合的程式語言。軟體工程師的設計與測試工作都必須在 Arduino IDE 中完成，詳細操作步驟將於下節中介紹。軟體工程師完成整合測試後，應整理需求文件、設計文件(硬

體電路圖與說明,以及軟體流程圖與說明)、測試報告、以及充分註解的程式原始
碼,以作爲後續維護的參考文件。

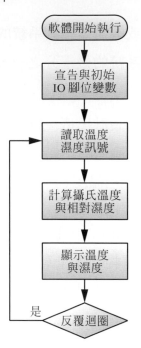

◎ 圖 2-2-1　環境舒適度感測器的程式流程圖

## 2-3 Arduino IDE 整合開發環境操作概述

1. Arduino 計畫的源起

此計畫最初是採用 Atmel AVR 系列的 8 位元微控制器 IC 來設計成的單板微電腦，2013 年則已進步到使用 Atmel ARM 架構的 32 位元微控制器。

Arduino IDE 軟體可以從 Arduino 官網直接下載，截至 2013.07.15 日為止 Arduino IDE 的最新版本是 1.0.5 版。Arduino IDE 有分 Windows 版、Mac OS X、Linux 版、以及原始碼等四種版本，開發設計人員可依照自己所熟悉的作業系統環境來選擇適當的 Arduino IDE 版本。本書將以 Windows 版本的安裝與操作為例來說明 Arduino IDE，其他版本的安裝與操作方式相當類似，讀者可以點選 Arduino 官網上的入門指南(Getting Started)選單，以閱讀各種 Arduino IDE 版本的詳細安裝步驟。

2. Windows 版 Arduino IDE 的下載與安裝步驟

(1) 下載 Windows 版本的 Arduino IDE。圖 2-3-1 是 Arduino 官網首頁，其 url 為 www.arduino.cc。此首頁的選單上可看到指標①所指的 Download 即是下載網頁的超連結，請以滑鼠左鍵單擊指標①以切換到 IDE 下載頁面。

◎ 圖 2-3-1　Arduino 官網首頁

(2)  圖 2-3-2 為 Arduino IDE 下載頁面,頁面中顯示出 Windows 版、Mac OS X、Linux 版、以及原始碼等四種版本,圖中指標①所指的即是 Windows 版本的超連結。以滑鼠左鍵單擊該處即可下載最新 Windows 版本的 Arduino IDE。

## Download the Arduino Software

The open-source Arduino environment makes it easy to write code and upload it to the i/o board. It runs on Windows, Mac OS X, and Linux. The environment is written in Java and based on Processing, avr-gcc, and other open source software.

THE Arduino SOFTWARE IS PROVIDED TO YOU "AS IS," AND WE MAKE NO EXPRESS OR IMPLIED WARRANTIES WHATSOEVER WITH RESPECT TO ITS FUNCTIONALITY, OPERABILITY, OR USE, INCLUDING, WITHOUT LIMITATION, ANY IMPLIED WARRANTIES OF MERCHANTABILITY, FITNESS FOR A PARTICULAR PURPOSE, OR INFRINGEMENT. WE EXPRESSLY DISCLAIM ANY LIABILITY WHATSOEVER FOR ANY DIRECT, INDIRECT, CONSEQUENTIAL, INCIDENTAL OR SPECIAL DAMAGES, INCLUDING, WITHOUT LIMITATION, LOST REVENUES, LOST PROFITS, LOSSES RESULTING FROM BUSINESS INTERRUPTION OR LOSS OF DATA, REGARDLESS OF THE FORM OF ACTION OR LEGAL THEORY UNDER WHICH THE LIABILITY MAY BE ASSERTED, EVEN IF ADVISED OF THE POSSIBILITY OR LIKELIHOOD OF SUCH DAMAGES.

By downloading the software from this page, you agree to the specified terms.

Download

Arduino 1.0.5 (release notes), hosted by Google Code:

① + Windows Installer, Windows (ZIP file)
   + Mac OS X
   + Linux: 32 bit, 64 bit
   + source

Next steps

Getting Started
Reference
Environment
Examples
Foundations
FAQ

◎ 圖 2-3-2　Arduino IDE 下載頁面

(3) 下載的最新 Windows 版本的 Arduino IDE 檔名為 arduino-1.0.5-windows.exe，檔案所在資料夾是依瀏覽器的下載設定而定。找到 arduino-1.0.5-windows.exe 後以滑鼠左鍵雙擊該檔，即可自動解壓縮與自動安裝，詳細解壓與安裝過程如圖 2-3-3 所示。

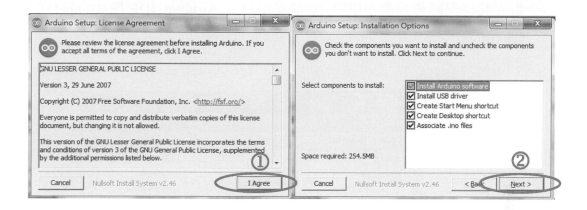

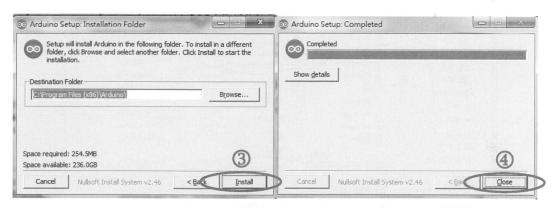

◎ 圖 2-3-3　開始解壓與安裝 Arduino IDE

(4) 解壓縮與安裝完成後，在 C：\Program Files 資料夾中可看到名為 Arduino 的子資料夾。在 Arduino 資料夾中可找到 arduino.exe 執行檔，以滑鼠右鍵單擊該檔可選擇 釘選到工作列 、 釘選到[開始]功能表 、或 建立捷徑 再將該捷徑移動到桌面上，這將有助於日後方便執行起 Arduino IDE。事實上新版安裝檔已經會自動在[開始]功能表中建立 Arduino IDE 程式的執行圖示 ∞Arduino。

◎ 圖 2-3-4　安裝完成後的 Arduino 資料夾內容

(5) 從桌面上捷徑、工作列、或[開始]功能表都可以執行起 Arduino IDE。
Arduino IDE 執行起來的起始畫面如圖 2-3-5 所示。圖 2-3-5 中指標①的位
置是 Arduino IDE 功能選單列。指標②的區域是命令圖示列按鈕(Toolbar
buttons)，其中 ✓ 圖示按鈕代表驗證與編譯命令，草稿碼將被驗證與編
譯其語法的正確性；→ 圖示按鈕代表上傳/燒錄命令；▣ 圖示按鈕代表
新增一草稿碼檔命令；↑ 圖示按鈕代表開啟既有專案或單一草稿碼檔的
命令；↓ 圖示按鈕代表儲存目前編輯中的專案的所有草稿碼檔的命令；
⊙ 圖示按鈕代表開啟除錯用序列埠監看視窗的命令。指標③的區域是程
式編寫區。指標④的區域是編譯程式或燒錄成式時的訊息顯示區。功能選
單列中有 File / Edit / Sketch / Tool / Helps 等五個功能選項。

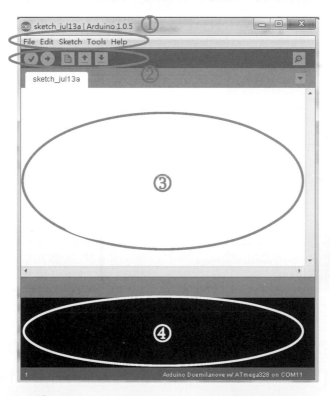

⊙ 圖 2-3-5　開啟 Arduino IDE 的起始畫面

3. Arduino IDE 的基本操作與設定說明

　　**檔案(File)**選項功能表列是有關程式檔案的開啟(New 或 Open)、儲存(Save 或 Save As)、列印(Print 和 Page Setup)、燒錄(Upload 和 Upload Using Programmer)以及關閉(Close 或 Quit)等操作命令，另外，有關 IDE 環境的設定可在圖 2-3-6 中指標①位置的[偏好設定](Preferences)中更改之。例如 File / Preferences / Editor Language 一項可以由圖 2-3-6 中指標②位置的 System Default(系統預設)改成繁體中文，此項設定修改後 Arduino IDE 必須關閉再重新開啟，中文化環境的設定才能生效。圖 2-3-6 中指標③位置是程式專案所在的預設資料夾，可以依個別需要改設到其他資料夾。此外，要提醒讀者一點，Arduino 不只針對資電背景的設計者，尤其強調是給非資電背景的一般設計者使用，因此不使用程式(Program)一詞而是用草稿(Sketch)，以免造成新手的心理壓力，事實上草稿與程式的意涵是相同的。

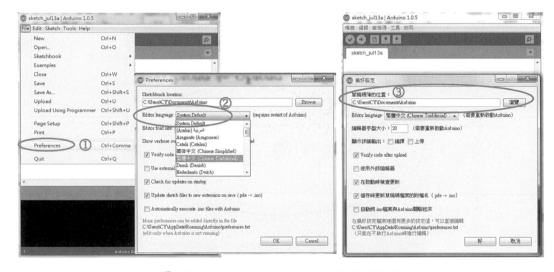

◎ 圖 2-3-6　Arduino IDE 中文化的設定

　　**編輯(Edit)**選項功能表列是程式編輯過程中常使是到的操作命令的集合。如圖 2-3-7 所示，其中[為了論壇進行複製]與[當做 HTML 進行複製]命令可以協助草稿碼設計者，更快速的將草稿碼轉貼到 Arduino 論壇與一般網頁上分享或討論。其餘常用的操作命令與一般文書編輯的概念是相通的，諸如復原(UnDo)、重複(ReDo)、剪下、複製、貼上、全選、尋找、找下一個、找上一個等。

◎ 圖 2-3-7　編輯選項功能表

　　**草稿碼(Sketch)**選項功能表列中的[驗證/編譯]選項是用檢查專案應用程式檔的草稿碼敘述語法是否正確。[顯示草稿碼所在目錄]選項顧名思義是用以檢視專案應用程式檔(草稿碼檔)的所在資料夾位置。Arduino 的專案應用程式檔通常會置於同一資料夾中，資料夾名稱必須與資料夾中的專案主要程式檔(草稿碼檔)同名，此專案名稱只能使用英文字。資料夾中的專案主要草稿碼檔之外的其他草稿碼檔，可以是呼叫的函數草稿碼檔(Function Sketch)、宣告一般文數字常數或巨集定義的標頭檔(Header File)。[加入檔案]選項可以將其他資料夾中的草稿檔複製到草稿碼所在目錄，並在目前 IDE 視窗中以一個新的標籤的形式開啟，這項功能允許專案可重用(Reuse)其他專案的原始碼模組。[匯入程式庫]協助草稿碼設計者將要使用到的程式庫(Libraries)匯入到目前開啟的草稿碼中，例如選擇匯入 SoftwareSerial 程式庫後，IDE 會在草稿碼的第一行插入#include <SoftwareSerial.h> 敘述。

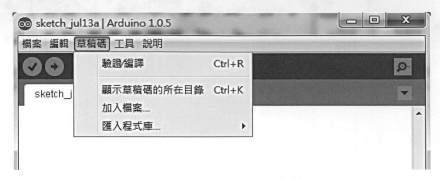

◎ 圖 2-3-8 草稿碼選項功能表

　　**工具(Tools)**選項功能表列中的[自動化格式]選項會將草稿碼的格式，自動調整成一般 C 語言的撰寫格式。[封存草稿碼]選項會將目前專案的所有草稿碼封存成一個 ZIP 格式的壓縮檔。[修正編碼並重新載入]選項會重新載入目前正編寫中的草稿碼檔，使用時要多留意以免覆蓋了剛編寫好的草稿碼。[序列埠監控視窗]選項可以啓用一個序列埠監控視窗以顯示執行中的韌體的變數值，這項功能將有助於程式除錯(Debug)。Arduino 燒錄程式到微控制器的動作稱爲上傳(Upload)，每次上傳(燒錄)前草稿碼都會被重新編譯成二位元的執行碼。請留意，上傳前必須先選定正確的 Arduino 微控制器板型號與該板 USB 埠被作業系統自動配置的序列埠編號，這兩項設定是透過[板子]與[序列埠]選項來進行。一般新手在草稿碼上傳時，經常會遇到這兩項設定不正確所導致的失敗。Arduino 板子上的微控制器在出廠前均已預先載入 bootloader 了，如果自行自電子材料行購買 Atmel AVR 系列的微控制器，其 flash 記憶體內通常是不會有 bootloader 的，此時必須使用燒錄器將 bootloader 載入到 flash 記憶體。[燒錄器]與[燒錄 bootloader]即是提供設計者選用正確燒錄器並進行燒錄之功用。

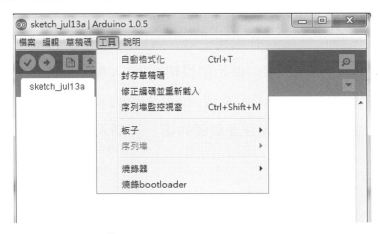

◎ 圖 2-3-9 工具選項功能表

　　**說明(Helps)**選項功能表列提供多種協助文件與說明資訊的超連結，Arduino 會叫出預設瀏覽器並連結到該說明文件。[入門手冊]會簡要介紹如何取得 Arduino 板子、下載 Arduino IDE、將板子連接到電腦、安裝 USB 驅動程式、開啟 Arduino IDE、開啟草稿碼範例、設定板子型號與序列埠編號、上傳草稿碼等 Arduino 程式發展程序。[開發環境]是 Arduino IDE 的操作說明書，其內容全以英文說明，如果讀者希望能以中文方式顯示此網頁內容，則建議使用 Google Chrome 瀏覽器，便可在英文操作說明書網頁上用滑鼠右鍵單擊，以叫出彈出式命令選單，再以滑鼠左鍵單擊此選單上[翻譯成中文(繁體)]選項，所有開發環境的操作說明就會被翻成中文。[排除問題]提供 20 幾個上傳草稿碼時常見的問題與解決方法。[參考文件]提供草稿碼需參考的所有宣告、運算子、語法結構、內建函數、程式庫等。草稿碼設計者對於特定詞彙(如 Serial)的意涵或用法有疑義時，可先以滑鼠左鍵雙擊要查詢的特定詞彙，再以滑鼠左鍵單擊[在參考文件裡尋找]，Arduino IDE 就會配合預設瀏覽器自動找到官網上最適合的參考文件頁面。[常見問題集]中羅列了最常被新手詢問的 15 個問題，值得剛接觸 Arduino 的設計者參閱。[拜訪 Arduino.cc]會帶領設計者瀏覽 Arduino 官網。[關於 Arduino]則會顯示 Arduino IDE 的版本、商標(Logo)以及作者群。

◎ 圖 2-3-10　說明選項功能表

# 2-4　Arduino IDE 程式開發範例

　　在 2-3 節 Arduino IDE 的基本操作與設定說明中，關於檔案(File)選項功能表的說明裡有提到[檔案/偏好設定/草稿碼簿的位置](File/Preferences/Sketchbook Location)設定，所謂 草稿碼簿 資料夾就是存放所有專案資料夾的上一層資料夾。因此，如果專案的資料夾與草稿碼檔已經存在，且草稿碼簿資料夾也設好為專案資料夾的上一層資料夾，則設計者可以直接操作圖 2-3-6 中的[檔案/草稿碼簿](File/Sketchbook)，來選擇要開啓草稿碼簿中的哪一個專案的草稿碼檔。

　　如果是全新專案的話，設計者在執行 Arduino IDE 時，IDE 會先自動為專案臨時命名(檔名通常是 sketch_xxxx.ino)，延伸檔名「ino」是取自 Arduino 的後 3 個字母。當設計者第 1 次存草稿碼檔時，IDE 會詢問草稿碼檔名(必須是英文字與數字的組合)，IDE 會以此名字在草稿碼簿資料夾中建立專案資料夾，並將此名字的草稿碼檔存在專案資料夾內。

　　接下來將以一專案範例來示範如何操作 Arduino IDE。假設現在要開發的專案是紅、黃、綠 3 顆 LED 的亮滅控制，剛接觸 Arduino 的設計者可盡量參考現成範例程式，再將範例草稿碼加以修編，通常可以減少打字錯誤與摸索，並縮短開發時間。如圖 2-4-1 左圖所示，選擇[檔案/範例/Basics/Blink]，LED 亮滅範例之草稿碼載入後如圖 2-4-1 右圖所示。簡單 LED 亮滅控制的草稿碼架構都已完整，設計者只要加以擴充，即可快速完成控制程式。

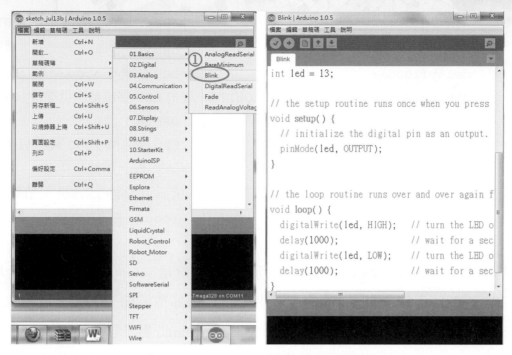

◎ 圖 2-4-1　LED 的亮滅控制範例程式

　　程式編輯的過程中，草稿碼設計者就像文書編輯工作一般地撰寫程式。假設上述範例程式擴充編輯完成後，3 顆 LED 的亮滅控制草稿碼將如下列 C 語言原始碼，草稿碼與其註解詳如下列程式列表。

| 行號 | 程式敘述 | 註解 |
|---|---|---|
| 1 | //RGB LED Blinking Control | //單行註解 |
| 2 | intLED_Pins[]={10,11,12}; | //宣告 3 元素陣列以表示 RGB LED 腳位 |
| 3 | void setup() { | //只會執行一次的程式初始函數 |
| 4 | for(int i=0;i<3;i++) | //固定次數迴圈 |
| 5 | pinMode(LED_Pins[i],OUTPUT); | //規劃 3 支 LED 腳位均為輸出模式 |
| 6 | } | //結束 setup()函數 |
| 7 | void loop() { | //主控制函數，它是永遠周而復始的迴圈 |
| 8 | for(int i=0;i<3;i++){ | //固定次數迴圈 |

| 9 | `digitalWrite(LED_Pins[i], HIGH);` | //令 LED 腳位輸出高準位(5V)，LED 亮 |
|---|---|---|
| 10 | `delay(1000);` | //LED 持續亮 1000 毫秒(1 秒) |
| 11 | `digitalWrite(LED_Pins[i],LOW);` | //令 LED 腳位輸出低準位(0V)，LED 滅 |
| 12 | `delay(1000);` | //LED 滅持續 1000 毫秒(1 秒) |
| 13 | `}` | //結束 for 迴轉 |
| 14 | `}` | //結束 loop()函數，又重新進入 loop()主控制函數 |

　　基本上，草稿碼的架構可分成三部份，第一部份是 setup( )函數之前的全域變數宣告區，此區通常會匯入(#include)需用到的程式庫標頭檔、宣告全域變數、或定義文數值常數。第二部份是 setup( )函數，在 Arduino 板子啟動後只會被呼叫一次，因此，setup( )內的草稿碼通常是與應用程式初始化有關的草稿敘述，例如規劃各個 I/O 腳位工作模式是輸出或輸入、串列通訊埠速率是多少 bps 等。當 Arduino 板子重新送電，或有電的情況下重置(Reset)按鈕，都會令 Arduino 板子重新啟動，所有草稿狀態將被重置，換言之，setup( )函數會被呼叫而執行一次。呼叫並執行完 setup( )函數後，Arduino 會呼叫 loop( )函數，這就是草稿執行架構的第三部份，這部份是 Arduino 程式的主要控制邏輯與資料處理的主體，由於微控制器的任務通常需周而復始的監視環境變化，並即時地採取對應的控制輸出，因此，loop( )函數也會周而復始地被呼叫，所以應用領域中主要的控制邏輯與資料處理會寫在 loop( )函數中。Arduino 的草稿碼執行流程如圖 2-4-2 所示。設計者可依應用需要，在 loop( )函數裡再呼叫其他 Arduino 內建函數或設計者自編函數。自編函數可以寫在 loop( )函數之後或者另一個新的草稿碼檔內，當然新草稿碼檔必須置於此專案資料夾中，Arduino 編譯時才能找到該檔。

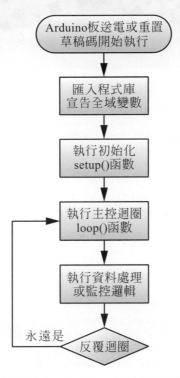

◎ 圖 2-4-2　Arduino 草稿碼執行流程

接下來草稿碼設計者會用到圖 2-3-5 中指標②區域的命令圖示列按鈕(Toolbar buttons)的 ✅ 圖示,以驗證與編譯草稿碼語法的正確性,驗證與編譯的結果會顯示於 IDE 下方的訊息顯示區。

圖 2-4-3 下方訊息區顯示出 LED 的亮滅控制草稿碼驗證與編譯的結果為正確的,如果訊息區有出現錯誤訊息,則程式設計者必須仔細閱讀錯誤訊息的內容,並依訊息指示修正語法錯誤的草稿碼,直到驗證與編譯的結果完全正確為止。

編譯正確後,設計者最好先按下 ⬇ 圖示按鈕以儲存目前編輯中專案的所有草稿碼檔,以確保辛苦撰寫的程式能保存下來,存檔過程如圖 2-4-4 所示,由於是新專案引用範例程式並加以擴充修改後的第一次存檔,Arduino 會要求另存檔案,程式設計者按下 OK 按鈕後,出現圖 2-4-3 右圖另存檔案視窗,程式設計者可如指標②所示在此視窗選擇要存放專案資料夾的位置,以及如指標③所示輸入草稿碼檔的檔名(假設本範例檔名為 RGB_LED_Control.ino)。

```
//RGB LED Blinking Control
int LED_Pins[]={10,11,12};
void setup( ) {
  for(int i=0;i<3;i++)
    pinMode(LED_Pins[i],OUTPUT);
}
void loop( ) {
  for(int i=0;i<3;i++){
    digitalWrite(LED_Pins[i], HIGH);
    delay(1000);
    digitalWrite(LED_Pins[i], LOW);
    delay(1000);
  }
}
```

草稿碼二進位的大小：1,126 bytes（上限為30,720 bytes）

◎ 圖 2-4-3　LED 的亮滅控制草稿碼驗證與編譯的結果

◎ 圖 2-4-4 儲存專案草稿碼檔的過程

接著請取出 Arduino 微控制器板和 USB 連接線,將 Arduino 微控制器板透過 USB 連接線接到 PC。這時 PC 會偵測到有新的 USB 裝置並會自動安裝 USB 控制晶片的驅動程式,萬一自動安裝找不到 USB 驅動程式,則請在自動安裝驅動程式視窗步驟中,選擇不勾自動安裝而勾自行選擇,並將尋找路徑對應到 C:\Program Files\Arduino\Driver 資料夾下,Windows 即可找到對應的 USB 驅動程式並安裝,圖 2-4-5 顯示 USB 驅動程式更新(安裝亦同)的過程。

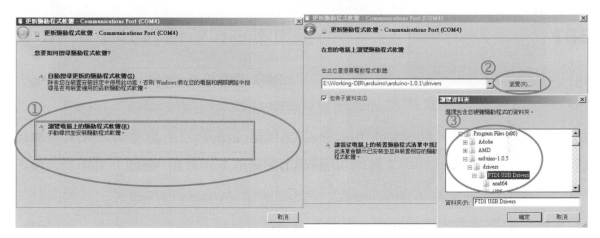

◎ 圖 2-4-5  Arduino 驅動程式安裝過程

接著可按 ➔ 圖示按鈕以上傳/燒錄命令,但在上傳前應按照第三節 Arduino IDE 的基本操作與設定中介紹到工具(Tools)選項功能表列的 Arduino 板子與序列埠選項,來進行正確的選用 Arduino 微控制器板型號與該板 USB 埠被作業系統自動配置的序列埠編號。圖 2-4-6 說明本專案範例是採用 Arduino Uno 板,其與 PC 連線的序列埠編號是 COM6。

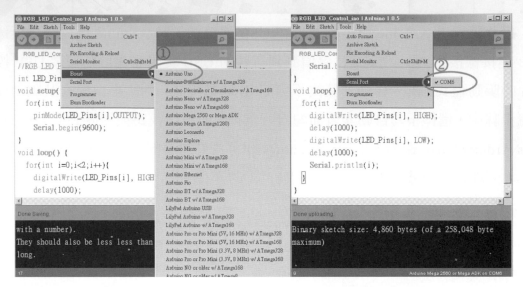

◎ 圖 2-4-6　專案範例的 Arduino Uno 板與序列埠選設

　　圖 2-4-7 為顯示草稿碼成功燒錄到微控制器後的訊息。萬一燒錄失敗，可試著先拔出 USB 連接線，接著關閉 Arduino IDE，再重新啟動 Arduino IDE，之後再重新插入 USB 連接線到 Arduino 板，並再次檢查 Arduino 板型號與序列埠編號是否正確，如果這些程序沒弄錯，燒錄失敗問題應該可以解決。

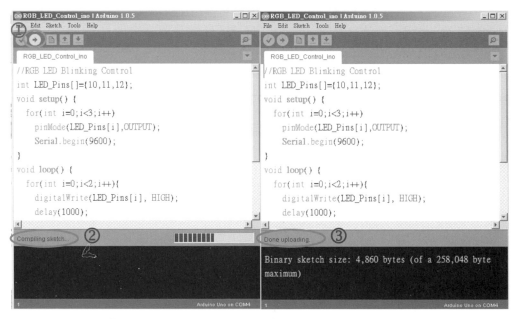

◎ 圖 2-4-7　Arduino IDE 顯示草稿碼燒錄成功訊息

專案草稿碼的除錯測試通常會配合程式狀態監看視窗來進行，設計者可按下 Arduino IDE 右上方的 🔍 圖示按鈕來開啓除錯用序列埠監看視窗，該視窗內容可以顯示重要的草稿碼變數值或程式執行過程所輸出的字串訊息，以協助設計者追蹤其草稿碼執行的過程與狀態。序列埠監看視窗的內容是由微控制器上執行的草稿碼所輸出，輸出內容是由微控制器經由 USB 連接介面模擬序列埠的方式，送至 PC 的 Arduino IDE 監看視窗內顯示。因此，草稿碼內必須藉由 Arduino 內建的 Serial 物件的 print( )或 println( )函數，將要在監看視窗內顯示的變數值或字串訊息，輸出到 USB 介面所模擬的序列埠。

例如，下表 RGB LED 亮滅控制草稿碼的 loop( )主控制函數有語意上錯誤，導致只有紅色和綠色 2 顆 LED 會亮滅，如果修改原 loop( )內的 for 迴圈裡增加一行 Serial.println(i)，即可從監看視窗追蹤出 for 迴圈增量變數的終止條件設錯了，視窗中只顯示出 0、1，而缺少 2。注意！Serial 物件在使用前必須先初始化，初始化敘述通常會置於 setup( )函數中，另外 Serial 物件的 println( )與 print( )函數的差別是前者輸出訊息後會加換行字符，而後者不會換行；這兩個輸出函數一次都只能輸出一個變數或一個訊息字串，如果有兩個以上的變數或訊息字串要輸出，則必須呼叫兩次輸出函數。以上所述的除錯偵測用草稿碼的內容如下表所示，而 for 迴圈增量變數在監看視窗追蹤的情形則如圖 2-4-8 所示。

| 行號 | 程式敘述 | 註解 |
|---|---|---|
| 1 | //RGB LED Blinking Control | //單行註解 |
| 2 | intLED_Pins[]={10,11,12}; | //宣告 3 元素陣列以表示 RGB LED 腳位 |
| 3 | void setup() { | //只會執行一次的程式初始函數 |
| 4 | for(inti=0;i<3;i++) | //固定次數迴圈 |
| 5 | pinMode(LED_Pins[i],OUTPUT);<br>**Serial.begin(9600);** | //規劃 3 支 LED 腳位均爲輸出模式<br>★將串列埠通訊速率設爲 9600bps |
| 6 | } | //結束 setup()函數 |
| 7 | void loop() { | //主控制函數，它是永遠周而復始的迴圈 |
| 8 | **for(inti=0;i<2;i++){** | //★固定次數迴圈的終止條件被錯打爲 2 |
| 9 | digitalWrite(LED_Pins[i], | //令 LED 腳位輸出高準位(5V)， |

| | HIGH); | LED 亮 |
|---|---|---|
| 10 | delay(1000); | //LED 持續亮 1000 毫秒(1 秒) |
| 11 | digitalWrite(LED_Pins[i], LOW); | //令 LED 腳位輸出低準位(0V)，LED 滅 |
| 12 | delay(1000); | //LED 滅持續 1000 毫秒(1 秒) |
| | **Serial.println(i);** | ★輸出迴圈增量變數 i 以追蹤之 |
| 13 | } | //結束 for 迴圈 |
| 14 | } | //結束 loop()函數，又重新進入 loop()主控制函數 |

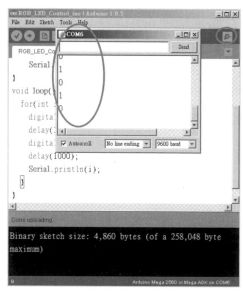

◎ 圖 2-4-8　監看視窗顯示 for 迴圈增量變數追蹤的情形

　　閱讀過 Arduino IDE 程式開發範例介紹之後，讀者應該已了解下列 Arduino 專案開發的工作步驟和操作方法：

- 如何開始一個新的應用草稿(程式)專案。
- 如何參用既有的範例草稿。
- 如何安排專案資料夾的位置與為草稿檔命名。
- 如何撰寫與修改草稿檔。
- 如何驗證與編譯草稿檔的語法是否正確。
- 如何為上傳(燒錄)做設定與檢查。
- 如何上傳(燒錄)草稿執行碼至 Arduino 微控制器。
- 如何開啟序列埠監看視窗並將之運用於草稿執行時的偵測與除錯。

## 本章習題

**選擇題**

(    )1. 一般資訊系統是由運算硬體、網路通訊界面、周邊裝置、以及下列何者
所構成？　(A)資訊人員　(B)不斷電系統　(C)資料庫　(D)軟體程式。

(    )2. 下列何者不是軟體工程的主要階段之一？　(A)需求分析　(B)系統討論
會議　(C)系統設計　(D)專案管理。

(    )3. 下列關於微電腦應用系統的開發，何者觀念正確？　(A)不需用到軟體工
程　(B)可以直接設計程式　(C)可省去撰寫系統文件　(D)需求分析一定
要做。

(    )4. 關於 Arduino 敘述，何者有誤？　(A)目前只支援 8 位元微控制器
(B)Arduino IDE 可免費下載與使用　(C)源於義大利米蘭　(D)採開放原
始碼策略。

(    )5. 關於 ArduinoIDE 敘述，何者有誤？　(A)可自動解壓縮與安裝　(B)安裝
資料夾在 C：\Program Files\Arduino\　(C)無法同時安裝不同版本
(D)有中文介面。

(    )6. 關於 Arduino 草稿碼敘述，何者有誤？　(A)符合 C 語言語法　(B)草稿碼
檔的資料夾名稱可自由命名　(C)檔名只能用英文　(D)註解可以用中
文。

(    )7. 關於序列埠監控視窗，何者正確？　(A)可監視通訊內容　(B)可控制序列
埠　(C)可顯示監控圖形　(D)可協助草稿碼除錯。

(    )8. 上傳(燒錄)草稿碼前應檢查動作，何者有誤？　(A)草稿碼文法是否正確
(B)USB 線是否接上　(C)Arduino 板子型號是否設對　(D)序列埠編號是
否設對。

(    )9. 草稿碼的執行架構可分成三部份，其中主控制邏輯應寫在哪一個函數
中？　(A)main( )函數　(B)setup( )函數　(C)loop( )函數　(D)control( )函
數。

(  )10.關於 Serial 物件的敘述，何者有誤？ (A)是 Arduino 內建 (B)可配合序
列埠監看視窗來除錯 (C)其 print( )函數可輸出變數值 (D)其 println( )
函數可輸出多個變數與訊息文字。

## 問答題

1. 請繪出軟體工程之開發流程圖？

2. 請簡要說明需求分析與程式設計的關係？

3. 請簡要說明撰寫系統文件的意義？

4. 請簡要說明 Arduino 計畫的源起？

5. 請簡要說明 Windows 版 Arduino IDE 的下載與安裝步驟？

## 實作題

1. 請下載與安裝最新 Windows 版 Arduino IDE。

2. 請依軟體工程方法來開發兩顆 LED 交互亮滅控制專題。

3. 請將上述專題草稿碼的執行狀態，顯示在序列埠監看視窗中。

# arduino 程式語言介紹

Arduino 的語法為義大利籍工程師 David Mellis 所設計，用法與 C 語言相似，使用上更具便利性，十分容易上手的程式。

## 3-1 基本架構(Structure)

　　一個 Arduino 程式碼(SKETCH)基本上是由 void setup( )、void loop( )兩部分組成，void setup( )在位於主程式 void loop( )前，只會在 Arduino 板子加上電源或 CPU 重置(reset)時執行 1 次，爾後就不會再執行，在函數內主要是放置初始化 Arduino 板子的程式。一般稱 void loop( )為主程式，在此函數內放置你的 Arduino 腳本。void loop( )內的程式會一直重複的被執行，直到 Arduino 板子的電源被關閉。圖 3-1-1 為 Arduino 程式基本架構，圖 3-1-2 為 Blink 程式碼。

```
void setup()                    //初始設定區愧(只執行一次)
{

}
void loop()                     //重複執行區愧(不斷地重複執行)
{

}
```

◎ 圖 3-1-1　Arduino 程式基本架構

```
int ledPin = 13;                //設定第 13 pin 為 LED 燈的接腳
void setup()
{
  pinMode(ledPin, OUTPUT);   //設定 pin 腳模式為輸出
}
void loop()
{
  digitalWrite(ledPin, HIGH);  //給 pin 腳高電壓 (LED 亮)
  delay(1000);                  //延遲 1 秒(1000 毫秒)
  digitalWrite(ledPin, LOW); //給 pin 腳低電壓 (LED 不亮)
  delay(1000);                  //延遲 1 秒(1000 毫秒)
}
```

◎ 圖 3-1-2　Blink 程式碼

## 3-2 變數、常數與資料型態(Variables、Constants、Data Types)

常數(constant)與變數(variable)使用前都必須宣告它儲存的資料型態,如此才能讓編譯器(compiler)配置適合的記憶體空間給它,常數是指在分配的記憶體空間裡,放置固定不變的資料,而變數是在分配的記憶體空間裡的資料是可改變的。宣告常數或變數的格式如下:

資料型態 常數/變數[=*預設值* ];

其中[=*預設值* ]並非必要項目,而分號(;)是結束符號;例如要宣告一個整數型態的 x 變數,其預設值為 100,如下:

int x = 100;

若無預設值,則為:

int x;

若要同時宣告 x、y、z 三個整數型態的變數,則在變數名稱之間,以「,」分開,如下:

int x, y, z;

arduino 程式語言內定之常數如表 3-2-1 所示;

◎ 表 3-2-1　arduino 程式語言內定之常數

| 名稱 | 說明 |
|---|---|
| INPUT | 定義數位接腳為輸入狀態 |
| OUTPUT | 定義數位接腳為輸出狀態 |
| HIGH | 電壓為 3V 或大於 3V |
| LOW | 電壓為 2V 或小於 2V |
| true | 定義邏輯準位為 true,時常將 true 視為 1 |
| false | 定義邏輯準位為 false,時常將 false 視為 0 |

資料型態包括字元(char)、字串(string)、整數(integer)、浮點數(float)與無(void)，其中字元與整數又分有符號(signed)和無符號(unsigned)兩類。表 3-2-2 中列出了各種基本資料型態所佔的記憶體空間及範圍，讀者可以在使用時選擇適合的資料型態。

◎ 表 3-2-2　資料型態

| 型態 | 名稱 | 位元數 | 範圍 |
| --- | --- | --- | --- |
| void | 無 | 0 | 無 |
| boolean | 布林 | 8(1 byte) | true 或 false |
| char | 字元 | 8(1 byte) | −128～+127 |
| unsigned char | 無號字元 | 8(1 byte) | 0～255 |
| byte | 位元組 | 8(1 byte) | 0～255 |
| int | 整數 | 16(2 bytes) | −32768～+32767 |
| unsigned int | 無號整數 | 16(2 bytes) | 0～65535 |
| word | 2 個位元組 | 16(2 bytes) | 0～65535 |
| long | 長整數 | 32(4 bytes) | −2,147,483,648～2,147,483,647. |
| unsigned long | 無號長整數 | 32(4 bytes) | 0～4,294,967,295 |
| short | 短整數 | 16(2 bytes) | −32768～+32767 |
| unsigned short | 無號短整數 | 16(2 bytes) | 0～65535 |
| float | 符點數 | 32(4 bytes) | ±10175494E-38～3.402823E+38 |
| double | 雙倍精度符點數 | 64(8 bytes) | ±1.7E308 |

有些時候可能需要轉換變數型態,例如,把整數轉換成符點數或把符點數轉換成整數等,以符合程式所需。表 3-2-3 為 arduino 所提供的型態轉換函數。

◎ 表 3-2-3　為 arduino 所提供的型態轉換函數

| 函數名稱 | 功能說明 |
|---|---|
| char(x) | x 為任何資料型態之值,傳回 char 型態之值 |
| byte(x) | x 為任何資料型態之值,傳回 byte 型態之值 |
| int(x) | x 為任何資料型態之值,傳回 int 型態之值 |
| word(x)<br>word(h, l) | x 為任何資料型態之值,傳回 word 型態之值<br>h 為高位元組,l 為低位元組,傳回 word 型態之值 |
| long(x) | x 為任何資料型態之值,傳回 long 型態之值 |
| float(x) | x 為任何資料型態之值,傳回 float 型態之值 |

# 3-3 運算子(Operators)

程式是由許多敘述(statement)組成的，敘述的基本單位是運算式與運算子，運算子是程式敘述中運算的符號，可分為以下幾種：

● **算數運算子(Arithmetic Operators)**

顧名思義，算數運算子就是執行算數運算功能的操作符號，除了四則運算(加減乘除)外，還有取餘數，如表 3-3-1 所示。

◎ 表 3-3-1　算數運算子

| 符號 | 功能 | 範例 | 說明 |
|------|------|------|------|
| = | 設定(assignment) | x = y | 將 x 變數的內容設定給 y 變數 |
| + | 加(addition) | a = x+y | 將 x 與 y 變數的值相加，其和放入 a 變數內 |
| – | 減(subtraction) | b = x–y | 將 x 變數減 y 變數的值，其差放入 b 變數內 |
| * | 乘(multiplication) | c = x*y | 將 x 與 y 變數的值相乘，其積放入 c 變數內 |
| / | 除(division) | d = x/y | 將 x 變數除以 y 變數的值，其商放入 d 變數內 |
| % | 取餘數(modulo) | e = x%y | 將 x 變數除以 y 變數的值，其餘數放入 e 變數內 |

● **比較運算子(Comparison Operators)**

比較運算子是比較兩個運算式(或變數)間的大小關係，其結果只有 1(true)或 0(false)一值，如表 3-3-2 所示。

◎ 表 3-3-2　關係運算子

| 符號 | 功能 | 範例 | 說明 |
|------|------|------|------|
| == | 等於(equal to) | x==y | 比較 x 與 y 變數是否相等，相等其結果為 1，不相等則為 0 |
| != | 不等於(not equal to) | x!=y | 比較 x 與 y 變數是否不相等，不相等其結果為 1，相等則為 0 |
| < | 小於(less than) | x<y | 若 x 變數小於 y 變數，其結果為 1，否則為 0 |
| > | 大於(greater than) | x>y | 若 x 變數大於 y 變數，其結果為 1，否則為 0 |
| <= | 小於或等於<br>(less than or equal to) | x<=y | 若 x 變數小於或等於 y 變數，其結果為 1，否則為 0 |
| >= | 大於或等於<br>(greater than or equal to) | x>=y | 若 x 變數大於或等於 y 變數，其結果為 1，否則為 0 |

● **布林運算子(Boolean Operators)**

布林運算子是執行邏輯運算功能，包括 AND(及)、OR(或)、NOT(反相)，其運算結果為 1 或 0，如表 3-3-3 所示。

◎ 表 3-3-3 布林運算子

| 符號 | 功能 | 範例 | 說明 |
|---|---|---|---|
| && | 及(and) | (x>y)&&(x>z) | 若 x 大於 y 和 z 變數，其結果為 1，否則為 0 |
| \|\| | 或(or) | (x>y)\|\|(x>z) | 若 x 大於 y 或大於 z 變數，其結果為 1，否則為 0 |
| ! | 反相(not) | !(x>y) | 若 x 大於 y，其結果為 0，否則為 1 |

● **位元運算子(Bitwise Operators)**

位元運算子是針對變數中每一個位元作邏輯運算，如表 3-3-4 所示，表中 x = 0x26，y = 0xe2。

◎ 表 3-3-4 位元運算子

| 符號 | 功能 | 範例 | 說明 |
|---|---|---|---|
| & | 位元及(bitwise and) | a = x&y | 將 x、y 變數作位元及運算，其結果為 0x22 放入 a 變數中，x、y 內容不變 |
| \| | 位元或(bitwise or) | a = x\|y | 將 x、y 變數作位元或運算，其結果為 0xe6 放入 a 變數中，x、y 內容不變 |
| ^ | 位元互斥或(bitwise xor) | a = x^y | 將 x、y 變數作位元互斥或運算，其結果為 0xc4 放入 a 變數中，x、y 內容不變 |
| ~ | 取 1's 補數(bitwise not) | a = ~x | 將 x 變數取 1's 補數運算，其結果為 0xd9 放入 a 變數中，x 內容不變 |
| << | 位元左移(bitshift left) | a = x<<2 | 將 x 變數的值左移兩個位元，其結果為 0x98 放入 a 變數中，x 內容不變 |
| >> | 位元右移(bitshift right) | a = x>>1 | 將 x 變數的值左移一個位元，其結果為 0x13 放入 a 變數中，x 內容不變 |

● **合成運算子(Comparison Operators)**

類似 C 語言也提供一些簡潔方式，將算數運算子和設定運算子結合為新的運算子，如表 3-3-5 所示。

◎ 表 3-3-5　簡潔算數運算子

| 符號 | 功能 | 範例 | 說明 |
|---|---|---|---|
| ++ | 加 1 (increment) | a++ | 等於 a=a+1 |
| – – | 減 1 (decrement) | a– – | 等於 a=a–1 |
| += | 加入(compound addition) | a+=b | 等於 a=a+b |
| –= | 減去(compound subtraction) | a–=b | 等於 a=a–b |
| *= | 乘入(compound multiplication) | a*=b | 等於 a=a*b |
| /= | 除(compound division) | a/=b | 等於 a=a/b |
| &= | 位元及(compound bitwise and) | a&=b | 等於 a=a&b |
| \|= | 位元或(compound bitwise or) | a\|=b | 等於 a=a\|b |
| %= | 取餘數(compound bitwise modulo) | a%=b | 等於 a=a%b |
| <<= | 位元左移(compound bitshift left) | a<<=b | 等於 a=a<<b |
| >>= | 位元右移(compound bitshift right) | a>>=b | 等於 a=a>>b |

● **運算子的優先順序**

表 3-3-6 列出各運算子的優先順序排列，優先順序的欄位內數字愈小者表示該運算子的優先順序愈高。

◎ 表 3-3-6　各運算子的優先順序

| 優先順序 | 運算子 | 說明 |
|---|---|---|
| 1 | ( ) | 小括號 |
| 2 | ～、!、+、– | 補數、反相運算、正符號、負符號 |
| 3 | ++、– – | 遞增、遞減 |
| 4 | *、/、% | 乘、除、取餘數 |
| 5 | +、– | 加、減 |
| 6 | <<、>> | 左移、右移 |
| 7 | >、<、>=、<=、==、!= | 比較運算 |
| 8 | & | 位元運算－及 |
| 9 | ^ | 位元運算－互斥或 |
| 10 | \| | 位元運算－或 |
| 11 | && | 布林運算－及 |
| 12 | \|\| | 布林運算－或 |
| 13 | = | 設定 |

## 3-4 控制流程

控制流程分成選擇性敘述和迴圈，其中選擇性敘述包括 if、if-else 及 switch-case 敘述，迴圈包括 for、while 及 do...while 等。

● **If 敘述**

If 敘述是我們想要根據判斷條件的結果來執行不同的敘述，其格式如下：

```
if (判斷條件)
    {
        敘述1;
        敘述2;          ⎱ If 敘述的主體
        ......
        敘述n;
    }
```

當判斷條件為 true 時，就會逐一執行大括號所包含的敘述。若是在 if 敘述主體中要處理的敘述只有 1 個，可以省略左、右大括號。if 敘述的流程圖如圖 3-4-1 所示。

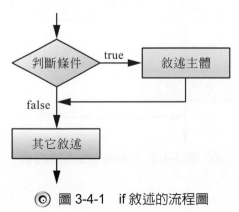

◎ 圖 3-4-1　if 敘述的流程圖

● If-else 敘述

當程式中有分岐的判斷敘述時，就可以用 if-else 敘述處理，當若判斷條件成立，則執行 if 敘述主體 1，判斷條件不成立，則執行 else 後面敘述主體 2，if-else 敘述格式如下：

```
if  (判斷條件)
  {
    敘述主體1;  //若判斷條件成立，則執行此部份
  }
  else
  {
    敘述主體2;  //若判斷條件不成立，則執行此部份
  }
```

若是在 if-else 敘述主體中要處理的敘述只有 1 個，可以將左、右大括號去除省略不用。if-else 敘述的流程圖如圖 3-4-2 所示。

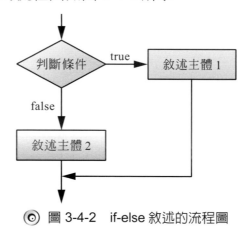

◎ 圖 3-4-2　if-else 敘述的流程圖

● **巢狀 If 敘述**

當 if 敘述中又包含了其他 if 敘述時，這種敘述稱為巢狀 If 敘述(nested if)。巢狀 If 敘述語法格式如下：

```
if  (判斷條件 1)
 {
     if  (判斷條件 2)          若判斷條件 2 成立，
      {                        則執行這個部份
                                                    若判斷條件 1 成立，
          敘述主體;                                  則執行這個部份
      }
      …..
      其他敘述;
 }
```

巢狀 If 敘述的流程圖如圖 3-4-3 所示。

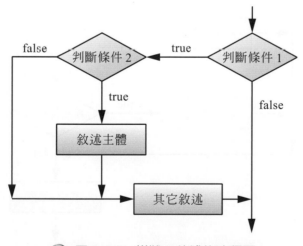

◎ 圖 3-4-3　巢狀 If 敘述的流程圖

● If-else-if 敘述

如果 else 敘述主體中緊接另一個 if 敘述，為了簡化程式碼的寫法，可以將 else 及下一個 if 敘述合寫在一起，其格式如下：

```
if (判斷條件1)
  {
      敘述主體1;            若判斷條件1成立，則執行這個部份若判斷
  }
else  if (判斷條件2)
  {
      敘述主體2;            若判斷條件2成立，則執行這個部份
  }
```

If-else-if 敘述的流程圖如圖 3-4-4 所示。

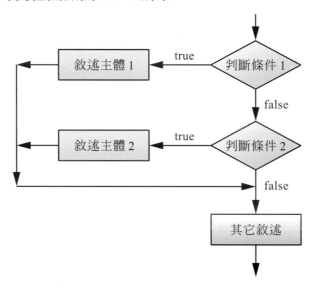

◎ 圖 3-4-4　If-else-if 敘述的流程圖

● **switch-case 敘述**

switch 敘述可以將多選一的情況簡化，使程式簡潔易讀，其格式如下：

```
switch(運算式)
 {
  case 選擇值 1：
      敘述主體 1；          若運算式的值等於選擇值 1，則執行敘述主體1
      break ;
  case 選擇值 2：
      敘述主體 2；          若運算式的值等於選擇值 2，則執行敘述主體 2
      break ;
      ..........
  case 選擇值 n：
      敘述主體 n；          若運算式的值等於選擇值 n，則執行敘述主體 n
      break ;
  default :
      敘述主體；            若運算式的值選不等於擇值 1 ～ n，則執行敘述主體
 }
```

於 switch 敘述裡，運算式會計算出一個值，此值可能是選擇值 1～n 裡面的任何一個，此時 switch 會根據運算式所計算出的值核對各 case 的選擇值，當相等時在執行相對應之敘述主體。要特別注意的是，switch 敘述的選擇值只能是字元或整數。其執行流程：

1. switch 敘述先計算括號中的運算式。

2. 根據運算式之值，檢查是否符合 case 後面的選擇值。如果某個 case 後面的選擇值符合運算式的結果，就會執行該 case 所包含的敘述，直到執行到 break 敘述後，才跳離整個 switch 敘述。

3. 若是所有 case 後面的選擇值皆不符合，則執行 default 之後所包含的敘述，執行完畢即離開 switch 敘述。如果沒有定義 default 的敘述，則直接跳離 switch 敘述。

需要注意的，如果忘了在 case 敘述結尾處加 break，則會一直執行到 switch 敘述的尾端，才會離開 switch 敘述，如此可能會造成執行結果的錯誤。switch 敘述的流程圖如圖 3-4-5 所示。

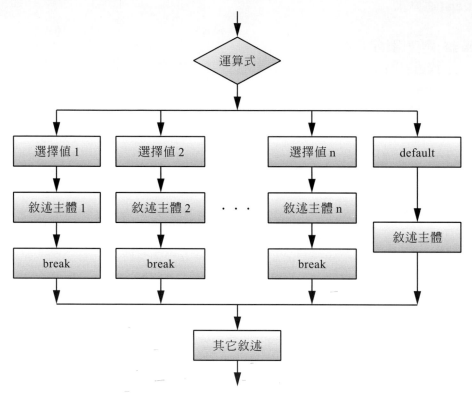

◎ 圖 3-4-5　switch 敘述的流程圖

● for 迴圈

　　for 迴圈是明確知道某段程式要執行的次數，其敘述格式如下：

```
for(運算式1; 運算式2; 運算式3)
{
    迴圈主體 ;
}
```

運算式 1：設定迴圈變數的初始值，例如從 0 開始，則寫成「i=0;」，其中 i 必須事先宣告，「;」是分格符號，不可缺少。

運算式 2：判斷條件，為執行迴圈的條件，例如「i<30;」，則 i 只要小於 30 就繼續執行迴圈，若運算式 2 為空白，只輸入「;」，例如「for(i=0; ;i++)」或「for(;;)」，則會無條件執行迴圈，不會跳出迴圈。

運算式 3：迴圈變數的變化量，有最常見的遞增或遞減，例如「i++」或「i--」，當然也有其它運算方式，例如每次增加 2，即「i+=2」。

若是在 for 迴圈主體中的敘述只有 1 個，則可以將左、右大括號省略，for 迴圈的執行流程如下：

1. 第一次進入 for 迴圈時，便會先執行設定迴圈初值，也就是設定迴圈控制變數的起始值。

2. 依判斷條件的內容，檢查是否要繼續執行迴圈，當判斷條件值為真(true)時，繼續執行迴圈主體；判斷條件值為假(false)時，則跳離迴圈，執行之後的其它敘述。

3. 執行完迴圈主體內之敘述後，迴圈控制變數會根據設定增減量執行，更改迴圈控制變數的值，再回到步驟 2 重新判斷是否繼續執行迴圈。

根據上述的程序，其流程圖如圖 3-4-6 所示。

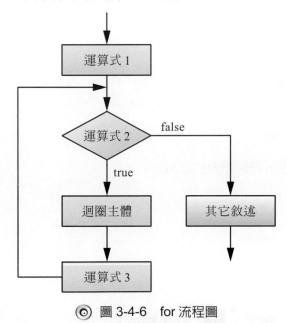

◎ 圖 3-4-6　for 流程圖

## 範例 1：

```
for(x=0；x<10；x++)
```

說明：

設定迴圈初值：x=0

判斷條件：x<10

變數增量：x++

迴圈會執行 10 次

## 範例 2：

```
for( ； ； )
```

說明：

設定迴圈初值、判斷條件及設定增減量都是空白時，是一無窮盡迴圈

● while 迴圈

當迴圈重複執行的次數確定時，會使用 for 迴圈。但對於有些問題，無法先知道迴圈要執行幾次時，就要考慮使用 while 迴圈或 do...while 迴圈。下面是 while 迴圈的使用格式：

```
設定迴圈控制變數初值；
while(判斷條件)
  {
    迴圈主體 ；
    執行迴圈控制變數的增減量；
  }
```

當 while 迴圈主體中的敘述只有 1 個，則可以將左、右大括號省略。while 迴圈的執行流程如下：

1.  第一次進入 while 迴圈之前，必須先設定迴圈控制變數的起始值。

2.  根據判斷條件的內容，檢查是否要繼續執行迴圈，當判斷條件值為真(true)時，繼續執行迴圈主體；判斷條件值為假(false)時，則跳離迴圈，執行之後的敘述。

3.  執行完迴圈主體內之敘述後，執行迴圈控制變數的增減量，重新設定迴圈控制變數的值，由於 while 迴圈不會主動更改迴圈控制變數的內容，所以在 while 迴圈中，設定迴圈控制變數的工作要由我們自己來作，再回到步驟 2 重新判斷是否繼續執行迴圈。

根據上述的程序，其流程圖如圖 3-4-7 所示。

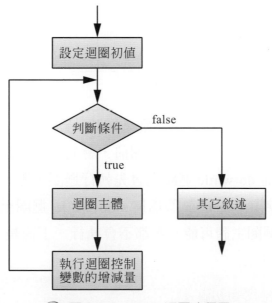

◎ 圖 3-4-7　while 迴圈流程圖

- for 迴圈與 while 迴圈比較

如果迴圈的執行次數為已知,則 for 和 while 兩種迴圈都可以使用,表 3-4-1 為 for 迴圈與 while 迴圈比較。

◎ 表 3-4-1　for 迴圈與 while 迴圈比較

| for 迴圈 | while 迴圈 |
|---|---|
| for(設定初值;判斷條件;迴圈變數的增減量)<br>{<br>　敘述 1 ;<br>　敘述 2 ;<br>　......<br>　敘述 n ;<br>} | 設定初值;<br>while(判斷條件)<br>　{<br>　　敘述 1;<br>　　敘述 2;<br>　　......<br>　　敘述 n;<br>　　迴圈變數的增減量;<br>　} |

- do....while 迴圈

do while 迴圈也是用於迴圈使用次數未知時。至於 while 迴圈及 do while 迴圈最大不同的地方,就是要進入 while 迴圈前,會先執行判斷條件的真假,再決定是否執行迴圈主體,而 do while 迴圈則會先執行迴圈主體一次後,再執行判斷條件的真假,所以不管判斷條件的真假為何,do while 迴圈至少會執行一次迴圈主體,而 while 迴圈的迴圈主體可能一次都不會執行。下面是 do while 迴圈的使用格式:

```
設定迴圈控制變數初值 ;
do
 {
    迴圈主體  ;
    執行迴圈控制變數的增減量 ;
 }  while(判斷條件);
```

do while 迴圈的執行流程如下：

1. 進入 while 迴圈前，須先設定迴圈控制變數的起始值。

2. 直接執行迴圈主體，迴圈主體執行完畢，才開始根據判斷條件的內容，檢查是否要繼續執行迴圈，當判斷條件值為真(true)時，繼續執行迴圈主體；判斷條件值為假(false)時，則跳離迴圈，執行後續的其它敘述。

3. 執行完迴圈主體內之敘述後，執行迴圈控制變數的增減量，重新設定迴圈控制變數的值，由於 do while 迴圈不會主動更改迴圈控制變數的內容，所以在 do while 迴圈中，設定迴圈控制變數的工作要由我們自己來作，再回到步驟 2 重新判斷是否繼續執行迴圈。

根據上述的程序，其流程圖如圖 3-4-8 所示。

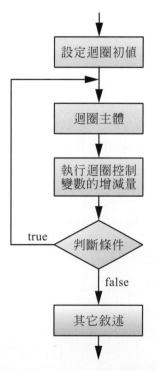

◎ 圖 3-4-8　do while 迴圈流程圖如

● **使用那一種迴圈**

for 迴圈、while 迴圈及 do while 迴圈這三種迴圈到底使用那一種？這沒有一定的答案，完全視程式的需求而定，表 3-4-2 為三種迴圈的比較，供讀者比較使用。

◎ 表 3-4-2

| 迴圈特性 | 迴圈種類 | | |
|---|---|---|---|
| | for | while | do while |
| 前端測試判斷條件 | 是 | 是 | 否 |
| 後端測試判斷條件 | 否 | 否 | 是 |
| 於迴圈主體中需要更改控制變數之值 | 否 | 是 | 是 |
| 迴圈控制變數自動變更 | 是 | 否 | 否 |
| 迴圈重複的次數 | 已知 | 未知 | 未知 |
| 至少執行迴圈主體的次數 | 0 次 | 0 次 | 1 次 |
| 何時重複執行迴圈 | 條件成立 | 條件成立 | 條件成立 |

● **迴圈跳離－break、continue**

跟 C 程式語言一樣，有一些跳離敘述，如 break、continue、goto 等，在結構化程式設計上，並不鼓勵使用者運用，因為這些跳離敘述會增加除錯及閱讀上的困難，除非在某些不得已的情況才使用。底下介紹 break、continue 兩個敘述。

```
for(設定迴圈初值;判斷條件;設定增減量)
    {
        敘述1 ;
        敘述2 ;
        ……
        break;
        ……        若執行 break 敘述，則此
        敘述n ;      區塊內的敘述不會被執行
    }
……
```

以上是以 for 迴圈爲例，在迴圈主體中有一 break 敘述時，當程式執行到
break，及會離開迴圈主體，到迴圈後的敘述執行。

```
for(設定迴圈初值;判斷條件;設定增減量)
    {
        敘述1 ;
        敘述2 ;
        ......
        continue;
        ......                  若執行 continue 敘述，則
        敘述n ;                  此區塊內的敘述不會被執行
    }
```

以上同樣以 for 迴圈爲例，在迴圈主體中有一 continue 敘述時，當程式執行
到 break，即會回到迴圈的起點，繼續執行迴圈主體。

## 3-5 陣列與指標

　　陣列是由一群相同型態的變數所組成的一種資料結構，以一個相同的變數名稱來表示，陣列中各別的元素(element)是以「索引值」(或稱為註標，index)，來標示存放的位置。陣列依存放元素的複雜程序，分為一維、二維與二維以上的多維陣列。

● **一維陣列**

　　一維陣列的宣告格式如下：

資料型態 陣列名稱[陣列大小]；

　　以下是一維陣列宣告的範例：

```
int led[10];      // 宣告整數陣列 led，可存放 10 個元素
float temp[7];    // 宣告浮點數陣列 temp，可存放 7 個元素
char name[12];    // 宣告字元陣列 name，可存放 12 個元素
```

　　宣告好陣列之後，如果想要使用陣列裡的元素，可以利用陣列的索引值完成。整個陣列好比整個旅館房間，而索引就好像房間的編號，只要根據房間編號(索引值)，就能夠找到住宿的客人(儲存於陣列的元素)。需注意是陣列的索引值的編號必須由 0 開始。

　　如果想直接在宣告時就設定陣列初值，只要陣列的宣告格式後面加上初值設定即可，其宣告格式如下：

資料型態　陣列名稱[n]={初值 1, 初值 2, … , 初值 n}；

　　設定陣列初值範例如下：

```
int led[4]={0x01,0x02,0x04,0x08}; //宣告整數陣列 led，並設定陣列初值
```

　　上面範例中宣告一個整數陣列 led，陣列元素有 4 個，大括號裡的初值會分別依序指定給各元素存放，led[0]=0x01、led[1]=0x02、led[2]=0x04 及 led[3]=0x08。

　　若宣告時沒有將陣列元素的個數列出，編譯器會視所給予的初值個數來決定陣列的大小，下面的設定陣列初值範例：

```
int led[]={0x01,0x02,0x04}; // 有 3 個初值，所以陣列 led 的大小為 3
```

- **二維陣列或多維陣列**

  多維陣列的宣告格式如下：

  資料型態　　陣列名稱 [陣列大小 1]　[陣列大小 2] .... [陣列大小 n]；

  一個二維 3x2 整數陣列範例，如下：

  ```
  int num[3][2]={{10,11},{20,22},{30,33}};
  ```

  代表 num[0][0] 的預設值為 10，num[0][1] 的預設值為 11、....num[2][1] 的預設值為 33。完成宣告後，就可像一般變數一樣操作，

  ```
  x=num[0][1]+5;
  ```

  執行後，x 的內容為 16。

- **指標**

  指標是用來存放記憶體位址的變數，其宣告格式如下：

  資料型態　　*變數名稱；

  範例如下：

  ```
  int *ptr ;
  ```

  也可以把同型態的變數與指標放在一起宣告：

  ```
  int *ptr1, *ptr2, a, b, c ;
  ```

  指標常用的運算有兩種，一是取出變數的地址，然後存放在指標裡；二是取出指標變數所指之變數的內容，這兩種工作由位址運算子「&」及依地址取值運算子「*」完成。其範例如下：

  ```
  ptr1=&a;
  b=*ptr1;
  ```

  第一行中 a 變數的位址被放入 ptr1 指標變數內，

  第二行中是將 ptr1 指標所指的位址 a 變數的內容指定給 b，

  以上兩行執行的結果等同 b=a 的執行結果。

## 3-6 特殊符號

以下介紹幾個特殊符號：

**;(分號)**：用於結束敘述，忘記以分號結束一行將導致編譯錯誤。例如：a=14；

**{}(大括號)**：左右括號必須成雙配對，否則會有編譯錯誤發生，主要用於函數、迴圈或條件等敘述，例如：

```
函數：
  void myfunction(datatype argument){
    statements
  }
迴圈：
  while(boolean expression)
  {
    statements
  }

  do
  {
    statements
  } while (boolean expression);

  for(initialisation; termination condition; incrementing expr)
  {
    statements
  }
條件敘述：
  if(boolean expression)
  {
```

```
    statements
  }
else if (boolean expression)
  {
    statements
  }
else
  {
    statements
  }
```

//(單行註釋)、/* .... */(多行註釋)：註釋是是用來說明程式的意義或功能。例如：

```
x = 5;  // This is a single line comment. Anything after the slashes
        // is a comment to the end of the line

/* this is multiline comment - use it to comment out whole blocks of code

if (gwb == 0){   // single line comment is OK inside a multiline comment
x = 3;            /* but not another multiline comment - this is invalid */
}
// don't forget the "closing" comment - they have to be balanced!
*/
```

#define：使用#define 前置處理器方便將常用的常數、字串替換成一個自定的識別明稱，例如：#define PI 3.1416。

**#include**：語法為#include <檔頭檔>，編譯器會把這行敘述以整個檔頭檔的內容取代。例如：# include <stdio.h>

## 3-7 函數

函數是 C 語言的基本模組，函數可以簡化主程式的結構，ardunio 程式把函數分成設計者自訂與系統提供兩類。

● **設計者自訂函數**

函數的架構與主程式的架構類似，不過，函數能傳入引數，也能傳出引數，或將執行結果傳回呼叫程式。函數名稱可由設計者自訂，其基本架構如下所示：

```
void Sub_name(int x)    // Sub_name：函數名稱、int x：傳入引數
{                       // 函數起始符號
  unsigned char led ;   ⎫
  int a, b ;            ⎬ 宣告區
  ....                  ⎭
  led=0xff ;  // led 亮  ⎫ 程式區
  ....                  ⎭
}                       // 函數結束符號
```

● **系統提供函數**

Arduino 提供了很多的函數，縮短了使用者於程式設計的時間，底下介紹幾類常用的函數。未介紹的部份請參考 http://arduino.cc/en/Reference/HomePage。

1. 數位 I/O(Digital I/O)

數位 I/O 函數包括 pinMode( )、digitalWrite( )及 digitalRead( )等，

a. pinMode( )：指定的引腳(pin)的配置行為，為輸入或輸出。

語法(Syntax)：

pinMode(pin, mode)

參數(Parameters)：

pin：你想設置模式的引腳數

Mode：有 INPUT,OUTPUT, INPUT_PULLUP 三種。

範例(Example)：

```
int ledPin = 13;              // LED connected to digital pin 13
void setup()
{
  pinMode(ledPin, OUTPUT);    // sets the digital pin as output
}

void loop()
{
  digitalWrite(ledPin, HIGH);  // sets the LED on
  delay(1000);                 // waits for a second
  digitalWrite(ledPin, LOW);   // sets the LED off
  delay(1000);                 // waits for a second
}
```

b.　digitalWrite( )：寫一個高(HIGH)或低(LOW)的值到數位引腳。

語法：

digitalWrite (pin, value)

參數：

pin：數位輸出引腳數

value：HIGH 或 LOW。

範例如上例。

c.　digitalRead( )：從指定的引腳數讀取值，其值為高或低。

語法：

digitalRead (pin)

pin：數位輸入引腳數

傳回值：

HIGH 或 LOW

範例：

```
// Sets pin 13 to the same value as pin 7, declared as an input.
int ledPin = 13;    // LED connected to digital pin 13
int inPin = 7;      // pushbutton connected to digital pin 7
int val = 0;        // variable to store the read value

void setup()
{
  pinMode(ledPin, OUTPUT);   // sets the digital pin 13 as output
  pinMode(inPin, INPUT);     // sets the digital pin 7 as input
}

void loop()
{
  val = digitalRead(inPin);    // read the input pin
  digitalWrite(ledPin, val);   // sets the LED to the button's value
}
```

2. 類比 I/O(Analog I/O)

　　本節介紹 analogRead ( )及 analogWrite( )– PWM 類比 I/O 函數。

　a. analogRead( )：讀取類比輸入引腳數之值。(0 到 5 接腳為大多數實驗板都有、其中 0 到 7 為 Mini 和 Nano, 0 to 15 為 Mega)。

語法：

analogRead (pin)

參數：

pin：類比輸入引腳數

傳回值：

整數(0～1023)

範例：

```
int analogPin = 3;     // potentiometer wiper (middle terminal)
                       // connected to analog pin 3
                       // outside leads to ground and +5V
int val = 0;           // variable to store the value read

void setup()
{
  Serial.begin(9600);            //  setup serial
}

void loop()
{
  val = analogRead(analogPin);   // read the input pin
  Serial.println(val);           // debug value
}
```

b.　analogWrite( )：寫入類比值(PWM 波)到引腳。

語法：

analogWrite (pin, value)

參數：

pin：類比輸入引腳數整數。

value：為工作週期(duty cycle)，其值介於 0(always off)
　　　　到 255(always on)之間。

傳回值：

無

範例：

```
// Sets the output to the LED proportional to the value
// read from the potentiometer.

int ledPin = 9;      // LED connected to digital pin 9
int analogPin = 3;   // potentiometer connected to analog pin 3
int val = 0;         // variable to store the read value

void setup()
{
  pinMode(ledPin, OUTPUT);   // sets the pin as output
}

void loop()
{
  val = analogRead(analogPin);  // read the input pin
  analogWrite(ledPin, val / 4);  // analogRead values go from 0 to 1023,
                                 // analogWrite values from 0 to 255
}
```

3. 延遲時間函數

本節介紹 delay( )及 delaymicroseconds( )等兩個延時函數。

a. delay( )：以參數量為的延遲時間量(以毫秒為單位，1000 等於 1 秒)。

語法：

delay (ms)

參數：

ms：延遲的毫秒數(無符號長整數，unsigned long)

傳回值：

　　　　無

範例：

```
int ledPin = 13;                    // LED connected to digital pin 13

void setup()
{
  pinMode(ledPin, OUTPUT);     // sets the digital pin as output
}

void loop()
{
  digitalWrite(ledPin, HIGH);   // sets the LED on
  delay(1000);                      // waits for a second
  digitalWrite(ledPin, LOW);   // sets the LED off
  delay(1000);                      // waits for a second
}
```

b.　delaymicroseconds( )：以參數量為的延遲時間量(以微秒為單位，1000 等於 1 毫秒)。

語法：

　　　　delaymicroseconds (us)

參數：

　　　　us：延遲的微秒數(無符號整數，unsigned int)，最大值為 16383。

傳回值：

　　　　無

範例：

```
int outPin = 8;                    // digital pin 8

void setup()
{
  pinMode(outPin, OUTPUT);     // sets the digital pin as output
}

void loop()
{
  digitalWrite(outPin, HIGH);  // sets the pin on
  delayMicroseconds(50);       // pauses for 50 microseconds
  digitalWrite(outPin, LOW);   // sets the pin off
  delayMicroseconds(50);       // pauses for 50 microseconds
}
```

## 本章習題

(　　)1. 下列何者，在 Arduino 板子加上電源或 CPU 重置(reset)時執只會行 1 次，爾後就不會再執行　(A)setup( )　(B)loop( )　(C)main( )　(D)delay( )。

(　　)2. 下列那一個函數內的程式，會一直重複執行　(A)setup( )　(B)loop( )　(C)main( )　(D)delay( )。

(　　)3. 下列何者不是資料型態？　(A)char　(B)string　(C)integer　(D)OUTPUT。

(　　)4. 資料型態 unsigned char 所佔的記憶體空間為　(A)1 bit　(B)8 bits　(C)16 bits　(D)32 bits。

(　　)5. 資料型態 int 所佔的記憶體空間為　(A)1 byte　(B)2 bytes　(C)4 bytes　(D)8 bytes。

(　　)6. 資料型態 float 所佔的記憶體空間為　(A)1 byte　(B)2 bytes　(C)4 bytes　(D)8 bytes。

(　　)7. 資料型態 int 的有效範圍為　(A)–32768～+32767　(B)–32768～+32768　(C)–32767～+32767　(D)以上皆非。

(　　)8. 資料型態 unsigned int 的有效範圍為　(A)–32768～+32767　(B)0～+32768　(C)0～+65535　(D)0～+65536。

(　　)9. 下列何者將 x 轉 char 型態之值傳回？　(A)char(x)　(B)byte(x)　(C)long(x)　(D)float(x)。

(　　)10. 下列何者將 x 轉 int 型態之值傳回　(A)char(x)　(B)int(x)　(C)long(x)　(D)float(x)。

(　　)11. a=25，b=10，當執行 c=a%b 後，c 的內部為　(A)25　(B)10　(C)2　(D)5。

(　　)12. a=25，b=10，當執行 c=a\b 後，c 的內部為　(A)25　(B)10　(C)2　(D)5。

(　　)13. a=5，b=10，當執行 a+=b 後，a 的內部為　(A)5　(B)15　(C)10　(D)以上皆非。

(　　)14. a=5，當執行 a++後，a 的內部為　(A)5　(B)4　(C)6　(D)以上皆非。

( )15. x = 0xa6，y = 0x32，當執行 x = x & y 後，x 的內部為　(A)0xa6　(B)0x32　(C)0x22　(D)以上皆非。

( )16. x = 0xa6，y = 0x32，當執行 x = x & y 後，y 的內部為　(A)0xa6　(B)0x32　(C)0x22　(D)以上皆非。

( )17. x = 0xa6，當執行 x = x <<2 後，x 的內部為　(A)0x98　(B)0xa6　(C)0x9b　(D)0x4c。

( )18. x = 0xa6，當執行 x = x >>1 後，x 的內部為　(A)0x53　(B)0xa6　(C)0xd3　(D)0x4c。

( )19. for(x=0;x<=10;x++)會執行幾次？　(A)0　(B)10　(C)11　(D)9。

( )20. 當 for(x=0;x<=10;x++)執行結束後，x 之值為何？　(A)0　(B)10　(C)11　(D)12。

## 問答題

1. 請說明 Arduino 程式碼的基本架構？

2. arduino 程式語言內定之常數有那些？

3. 何謂變數？其資料型態包括那些？

4. 請寫出 if 敘述的格式及流程圖？

5. 請寫出 if - else 敘述的格式及流程圖？

6. 請寫出 if - else - if 敘述的格式及流程圖？

7. 請寫出 switch - case 敘述的格式及流程圖？

8. 請寫出 for 迴圈敘述的格式及流程圖？

9. 請寫出 while 敘述的格式及流程圖？

10. 請寫出 do...while 敘述的格式及流程圖？

11. 比較 for 及 while 之差異？

12. 請比較 for 迴圈、while 迴圈及 do while 迴圈這三種迴圈使用的使用時機？

13. 請說明 delay( )函數的用法？

## 參考資料

1. http://arduino.cc/en/Reference/HomePage.

# Arduino

# 4

# 輸出原理與基本實驗

## 4-1 輸出控制介紹

輸出是微控制器經常需要控制其他元件所用到的功能，因此本章使用微控制器開發板 Arduino 的輸出埠分別在實驗 4-1 控制 LED 的亮滅；在實驗 4-2 驅動控制繼電器；在實驗 4-3 控制多顆 LED 的亮滅來實現霹靂燈的功能；在實驗 4-4 控制七段顯示器用 LED 做數字顯示。

實驗時先將需要的元件和接線準備好，依照電路圖的接線，將所有元件的連接線接好，最後下載程式即能驗證實驗是否正確，而要了解電路圖首先要認識實體在電路圖的表示方法，圖 4-1-1 為 Arduino 開發板實體與電路圖對照圖，其電路圖的其他元件有一些是先前科目所教的，就不在此贅述，而一些可能讀者較不熟悉的元件會在本書中作介紹，幫助讀者能看懂電路圖，才能正確完成硬體接線。

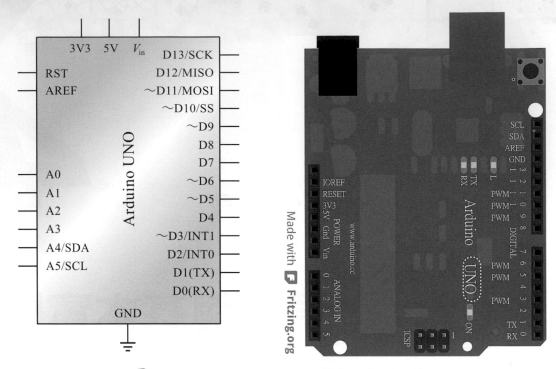

Made with Ⓕ Fritzing.org

◉ 圖 4-1-1　Arduino 開發板實體與電路圖對照圖

## 4-2 實例演練

### 實驗 4-1 LED 亮滅控制

**目的** 利用 Arduino UNO 開發板上的數位輸出入(DIO)腳,來進行 Arduino 控制 LED 亮滅的電路與程式設計方法。

**功能** 利用 Arduino 第 13 隻數位接腳完成 LED 亮滅控制,開始 Arduino 第 13 隻接腳設定為 LOW(低電位),LED 點亮,延遲約 0.5 秒後,再將 Arduino 第 13 隻接腳設定為 HIGH(高電位),LED 熄滅,延遲約 0.5 秒後,使用 迴圈一直不斷的重覆循環就會看到 LED 固定 0.5 秒亮滅的閃爍效果。本 電路利用外接電源加上限流電阻,來驅動 LED,當 Arduino 第 13 隻接腳 設定為 LOW(低電位)時產生順偏便得 LED 亮。

**原理** LED 二極體點亮需 10～20mA,因 Arduino 的數位輸出的汲取電流比輸出電 流大,所以設計用低電位驅動可使 LED 較亮,LED 導通電壓大約 2V～ 2.5V,設計取 2.3V,導通電流 12mA,電阻設計為 $R_1=(5-2.3)V/12mA \approx 220\Omega$。

**電路** 開發板上的表面黏著 LED 燈,此 LED 已內接上 DIO 13 腳,因此控制程 式中只要利用 digitalWrite( )函式輸出高或低準位電壓到 DIO 13 腳,即可 控制此 LED 的亮滅,也可使用自備的紅色 LED 和電阻接在 DIO 13 腳如 圖 4-2-1,可和開發板上的表面黏著 LED 燈同步亮滅。

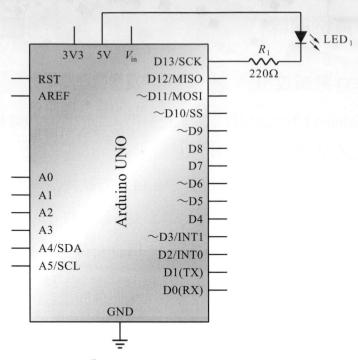

圖 4-2-1　LED 亮滅控制電路

元件

| 編號 | 元件項目 | 數量 | 元件名稱 |
|---|---|---|---|
| 1 | Arduino UNO | 1 | Arduino 開發板 |
| 2 | LED1 | 1 | 紅色 LED |
| 3 | $R_1$ | 1 | 220 Ω 電阻 |

程式

blink4_1

| 行號 | 程式敘述 | 註解 |
|---|---|---|
| 1 | int LED = 13; | //定義 LED 接腳 |
| 2 | void setup(){ | //只會執行一次的程式初始式數 |
| 3 | pinMode(LED,OUTPUT); | //規劃 LED 腳為輸出模式 |
| 4 | } | //結束 setup()函式 |
| 5 | void loop(){ | //永遠周而復始的主控制函式 |
| 6 | digitalWrite(LED, LOW); | //LED 輸出 LOW，LED 點亮 |
| 7 | delay(500); | //呼叫延遲函式等 500 毫秒 |

| 8 | digitalWrite(LED,HIGH); | //LED 輸出 HIGH，LED 熄滅 |
| 9 | delay(500); | //呼叫延遲函式等 500 毫秒 |
| 10 | } | //結束 loop()函式 |

說明　blink4_1.ino 是控制 LED 亮滅的韌體程式。圖 4-2-2 是本程式的主要控制流程，一開始先用只會執行一次的程式初始式數設定規劃 LED 腳為輸出模式，LED 接腳的數位輸出為 LOW 時點亮 LED，接著呼叫延遲副程式 delay(500)，單位為毫秒(ms)，設定 500 即延遲 0.5 秒；LED 接腳的數位輸出為 HIGH 熄滅 LED，接著呼叫延遲副程式 delay(500)，如此永遠周而復始的主控制函式使得 LED 一直重覆 0.5 秒亮和 0.5 秒暗。

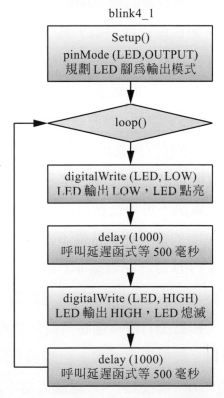

◎ 圖 4-2-2　blink4_1.ino 程式的主要控制流程圖

練習　若 LED 導通電流設定為 15mA，LED 導通電壓用三用電表量測為 2V，請問電阻要選用多少？

## 實驗 4-2 　繼電器驅動控制

目的 ▶ 利用 Arduino 數位輸出透過繼電器間接控制家電，了解如何使用微處理機，來達成控制大電流的電器產品。

功能 ▶ 利用 Arduino 第 13 隻數位接腳送出訊號來控制繼電器 ON、OFF 動作，繼電器用 5 V 驅動，用單刀雙擲(SPDT)開關的繼電器，當 Arduino 第 13 隻數位接腳送出 LOW 訊號繼電器 ON 時，可提供 AC 電源給燈泡 1(Lamp 1)，並使用 delay(1000)副程式來完成 1 秒的延遲，做為 ON->OFF->ON 的切換時間，並可聽聽繼電器切換的聲音。

原理 ▶ 繼電器為控制家用交流電源的機械開關，一般主要缺點是切換速度慢，大約在 1 秒左右，無法做快速控制，另一缺點是有切換次數的限制，所以要使用的繼電器要查看它的使用次數，一般多選用 10 萬次到 100 萬次以上，繼電器還要注意是它的電感端驅動電壓與電流，本實驗用+5V 驅動，繼電器就要選用+5V 驅動，繼電器驅動電流大約在 30 mA～100 mA，電流會大於 Arduino 發展板所提供的電流，所以會加光耦合器或 NPN 電晶體來驅動。本實驗電路選用光耦合器來驅動，因一般提供給控制電感的電源地會有較大雜訊，可用光耦合器來分開，以避免切換繼電器實的雜訊造成 Arduino 上的微處理器當機不工作，光耦合電路設計包括兩部分：首先，輸入為 LED 設計和實驗 4-1 類似，可使用 220 Ω($R_3$)來設計，以提供約 12 mA 電流給 LED；另一部份電路為光電晶體驅動繼電器的電路設計，要使用二極體(D1)做為電感電流的放電路徑，防止光電晶體由於電感放電而受損。繼電器有兩端，一端為共同接點(COM)，另一端有常關(NC)和常開(NO)兩個接點，NC 為繼電器不需動作平常即和 COM 導通，NO 是當繼電器動作後才會和 COM 導通，使用 SPDT 繼電器，切換 110 V 交流市電的電路設計，點亮 110V 60W 燈泡，實驗時可準備有 110 V 插頭的電源線和燈泡連結，需確認接線正確且要用絕緣膠帶將電源線裸露處包覆完成，才能接 110 V 電源來實驗，避免觸電的危險。

電路 繼電器驅動電路接線如圖 4-2-3。繼電器在切換控制時,其電感會有逆向電流所以電感端用二極體並聯來吸收,繼電器的光耦合器要選德州儀器(TI)的晶片 4N35,接腳與用法可參考 datasheet,接上燈泡在 NO 端是繼電器電感不通電不動作時,燈泡不通電不亮,而當繼電器電感通電動作時,燈泡通電點亮。

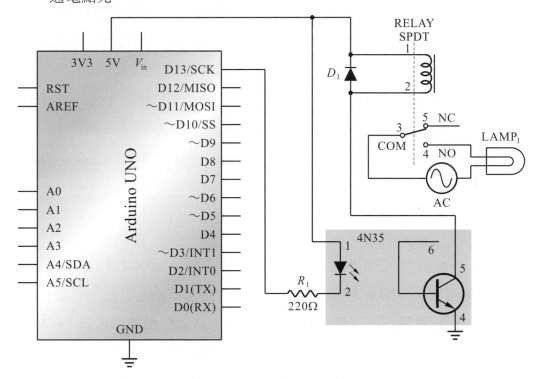

◎ 圖 4-2-3　繼電器驅動電路

元件

| 編號 | 元件項目 | 數量 | 元件名稱 |
|------|---------|------|---------|
| 1 | Arduino UNO | 1 | Arduino 開發板 |
| 2 | D1 | 1 | 二極體(1N4001) |
| 3 | $R_1$ | 1 | 220 Ω 電阻 |
| 4 | 4N35 | 1 | 光耦合器晶片 |
| 4 | LAMP1 | 1 | 燈泡 110V 60W |
| 5 | RELAY SPDT | 1 | 單刀雙擲繼電器 |
| 6 | AC | 1 | 交流電源 |

程式

**relay_ctr**

| 行號 | 程式敘述 | 註解 |
|---|---|---|
| 1 | int relay = 13; | //定義 relay 控制接腳 |
| 2 | void setup(){ | //只會執行一次的程式初始式數 |
| 3 | pinMode(relay,OUTPUT); | //規劃 relay 控制接腳為輸出模式 |
| 4 | } | //結束 setup()函式 |
| 5 | void loop(){ | //永遠周而復始的主控制函式 |
| 6 | digitalWrite(relay,LOW); | //relay 控制接腳輸出 LOW，燈泡點亮 |
| 7 | delay(1000); | //呼叫延遲函式等 1000 毫秒 |
| 8 | digitalWrite(relay,HIGH); | //relay 控制接腳輸出 HIGH，燈泡熄滅 |
| 9 | delay(1000); | //呼叫延遲函式等 1000 毫秒 |
| 10 | } | //結束 loop()函式 |

說明 relay_ctr.ino 是控制繼電器開或關的韌體程式。圖 4-2-4 是本程式的主要控制流程，一開始先用只會執行一次的程式初始式數設定規劃控制繼電器的接腳為輸出模式控制，控制繼電器的接腳的數位輸出為 LOW 時，繼電器動作，開關關上(Close)點亮燈泡，接著呼叫延遲副程式 delay(1000)，單位為毫秒(ms)，設定 1000 即延遲 1 秒；控制繼電器的接腳的數位輸出為 HIGH 時，繼電器動作，開關打開(Open)熄滅燈泡，接著呼叫延遲副程式 delay(1000)，單位為毫秒(ms)，設定 1000 即延遲 1 秒，如此永遠周而復始的主控制函式使得燈泡一直重覆 1 秒點亮和 1 秒熄滅。

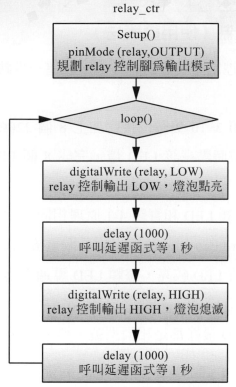

relay_ctr

Setup()
pinMode (relay,OUTPUT)
規劃 relay 控制腳為輸出模式

loop()

digitalWrite (relay, LOW)
relay 控制輸出 LOW，燈泡點亮

delay (1000)
呼叫延遲函式等 1 秒

digitalWrite (relay, HIGH)
relay 控制輸出 HIGH，燈泡熄滅

delay (1000)
呼叫延遲函式等 1 秒

◎ 圖 4-2-4　relay_ctr.ino 程式的主要控制流程圖

練習 設計定時關掉的開關，燈泡可使用本定時開關在程式執行後亮 1 分鐘後關閉。

## 實驗 4-3　霹靂燈控制（使用查表法）

目的 了解 Arduino 控制多個輸出的方法，並進一步熟悉陣列查表程式設計的變化性。

功能 利用 Arduino 第 3~10 隻數位接腳加上 8 個 220Ω 限流電阻，在 Arduino 數位輸出低電位時點亮該 LED 燈，完成 8 個 LED 燈向左移動顯示，並一直重覆執行。

原理 Arduino 控制 8 顆 LED 和實驗 4-1 原理相同，每顆 LED 二極體點亮需 10 ～20mA，因 Arduino 的數位輸出的汲取電流比輸出電流大，所以設計用低電位驅動可使 LED 較亮，每顆 LED 導通電壓大約 2V～2.5V，設計取 2.3V，導通電流 12mA，電阻設計為 $R_1=(5-2.3)V/12mA \approx 220\Omega$，當然要選用這 8 顆 LED 最好都是相同型號，導通性能相同才能讓 8 顆 LED 亮度較為一致。

電路

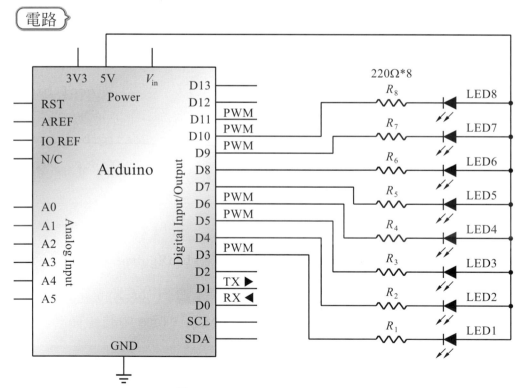

◎ 圖 4-2-5　Arduino UNO 的霹靂燈電路

元件

| 編號 | 元件項目 | 數量 | 元件名稱 |
|------|----------|------|----------|
| 1 | Arduino1 | 1 | Arduino UNO |
| 2 | LED1～8 | 8 | Red LED - 5mm |
| 3 | $R_{1\sim 8}$ | 8 | 220 Ω Resistor |

程式

//LED 陽極腳位接 5V 電源，陰極腳位 Arduino PIN 用陣列查表法設定好 LOW 為亮燈

| 行號 | 程式敘述 | 註解 |
|------|----------|------|
| 01 | `int led_run[8] = { 3, 4, 5, 6, 7, 8, 9, 10};` | //右移 |
| 02 | `int led_num=0;` | //led 腳位變數 |
| 03 | `int array_num;` | //陣列索引變數 |
| 04 | `void led_dark(){` | //將七段顯示器 LED 全部熄滅 |
| 05 | `    for(led_num=3;led_num<=10;led_num++)` | |
| 06 | `        digitalWrite(led_num,HIGH);` | |
| 07 | `    delay(1000);` | |
| 08 | `}` | |
| 09 | `void setup() {` | |
| 10 | `  for(led_num=3;led_num<=10;led_num++)` | |
| 11 | `    pinMode(led_num,OUTPUT);` | //接腳設定輸出 |
| 12 | `}` | |
| 13 | `void loop() {` | |
| 14 | `    led_dark();` | //將 LED 全部熄滅 |
| 15 | `    for(array_num =0; array_num <8; array_num ++)` | //每 1 秒切換 LED 移動 |
| 16 | `        { digitalWrite(led_run[array_num],LOW);` | |

```
17          delay(1000);
18          led_dark();  }                              //將 LED 全部熄滅
19      }
```

程式說明

pili_led

| 行號 | 程式說明 |
| --- | --- |
| 1 | 定義陣列八個輸出控制，陣列為 LED 單一燈向左移動顯示控制順序，從 Arduino 第 3 隻接腳依序控制到第 10 隻接腳。 |
| 2 | 宣告 LED 編號變數。 |
| 3 | 宣告陣列索引變數。 |
| 4 | 宣告 LED 全部熄滅副程式。 |
| 5 | 使用 for 迴圈，控制 Arduino 第 3 隻接腳依序控制到第 10 隻接腳來熄滅所有的 LED 燈。 |
| 6 | 將 Arduino 第 3 隻接腳依序控制到第 10 隻接腳均輸出 HIGH 來熄滅所有的 LED 燈。 |
| 7 | 呼叫延遲副程式 delay(1000)，單位為毫秒(ms)，設定 1000 即延遲 1 秒。 |
| 8 | LED 全部熄滅副程式結束。 |
| 9 | 宣告程式開始的設定副程式。 |
| 10 | 使用 for 迴圈，設定 Arduino 第 3 隻接腳依序到第 10 隻接腳。 |
| 11 | 將 Arduino 第 3 隻接腳依序控制到第 10 隻接腳均設定為 OUTPUT 輸出。 |
| 12 | 程式開始的設定副程式結束。 |
| 13 | 無窮迴圈副程式。 |
| 14 | 呼叫副程式 LED 全部熄滅，因為 LED 接腳設定為數位輸出時為 LOW 會點亮 LED，若無此副程式會讓 8 顆 LED 亮 8 秒。 |
| 15 | 使用 for 迴圈來完成 8 個 LED 燈向左移動燈光變化。 |

| 16 | Arduino 接腳設定為 LOW 讓 LED 燈點亮，控制單一 LED 燈向左移動顯示。 |
|---|---|

| 17 | 呼叫延遲副程式 delay(1000)，單位為毫秒(ms)，設定 1000 即延遲 1 秒，每 1 秒切換一個 LED 移動。 |
|---|---|

| 18 | 呼叫副程式 LED 全部熄滅,,來重新設定 LED 燈為熄滅。 |
|---|---|

| 19 | 重覆執行 13~19 行動作。 |
|---|---|

練習 一、設計用三色 LED 紅綠黃個 4 顆模擬交叉路口的紅綠燈號誌系統，使得亮紅燈 30 秒，亮綠燈 30 秒，亮黃燈 5 秒閃爍 1 秒 1 次(0.5 秒亮，0.5 秒暗)？

二、使用二維陣列使 8 顆 LED 能左右來回移動，LED 每次一秒亮一顆先由右向左移動，再由左向右移動。

## 實驗 4-4　七段顯示器控制（使用查表法）

目的〉了解 Arduino 控制多個輸出的方法，並進一步熟悉七段顯示器二維陣列查表程式設計的變化性。

功能〉利用 Arduino 第 3～10 隻數位接腳完成控制一個七段顯示器，使它重覆顯示 0～9 數字，間隔時間為 1 秒鐘，使用共陽極七段顯示器加上 8 個 220Ω 限流電阻，在 Arduino 數位輸出低電位時點亮該段 LED 燈，並一直重覆執行。

七段顯示器實體與接腳對照圖：

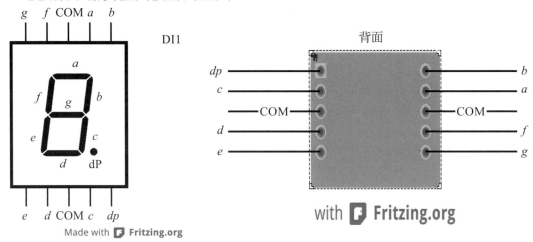

◎ 圖 4-2-7　七段顯示器實體與接線對照圖

原理〉數位電路常用的顯示器七段顯示器，七段就是 *a*、*b*、*c*、*d*、*e*、*f*、*g* 為構成數字或字元的 7 個比劃和一個小數點共 8 顆 LED 如圖 4-2-7，而接腳有 10 隻，主要設計將 8 顆 LED 的 8 個陽極或陰極接在一起為共同端，並在上下均有 COM 腳，方便接線，其他 8 隻接腳是 8 顆 LED 的另一極，而 8 顆 LED 的 8 個陽極接在一起稱為共陽極七段顯示器，8 顆 LED 的 8 個陰極接在一起稱為共陰極七段顯示器，本實驗使用共陽極七段顯示器，將 COM 端接 5V，因 Arduino 的數位輸出的汲取電流比輸出電流大可使 LED 較亮，Arduino 控制 8 顆 LED 和實驗 4-1 原理相同，每顆 LED

二極體點亮需 10～20mA，每顆 LED 導通電壓大約 2V～2.5V，設計取 2.3V，導通電流 12mA，電阻設計為 $R_1=(5-2.3)V/12mA≈220Ω$。

電路

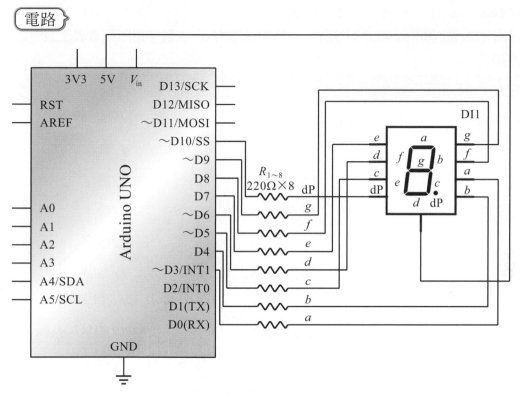

◎ 圖 4-2-8　Arduino UNO 的共陽極七段顯示器電路

元件

| 編號 | 元件項目 | 數量 | 元件名稱 |
|------|----------|------|----------|
| 1 | Arduino1 | 1 | Arduino UNO |
| 2 | DI1 | 1 | 共陽極七段顯示器 |
| 3 | $R_{1～8}$ | 8 | 220 Ω Resistor |

程式

```
/*Arduino PIN  3  4  5  6  7  8  9  10
  LED define   a  b  c  d  e  f  g  dp */
```
//七段顯示器 COM 腳位接 5V 電源(共陽)，七段顯示器的 0~9 數字用陣列查表法設定好 LOW 為亮燈

| 行號 | 程式敘述 | 註解 |
|---|---|---|
| 01 | int led_num[10][7] ={{3, 4, 5, 6, 7, 8}, | //數字 0 |
| 02 | {4, 5}, | //數字 1 |
| 03 | {3, 4, 6, 7, 9}, | //數字 2 |
| 04 | {3, 4, 5, 6, 9}, | //數字 3 |
| 05 | {4, 5, 8, 9}, | //數字 4 |
| 06 | {3, 5, 6, 8, 9}, | //數字 5 |
| 07 | {3, 5, 6, 7, 8, 9}, | //數字 6 |
| 08 | {3, 4, 5}, | //數字 7 |
| 09 | {3, 4, 5, 6, 7, 8, 9}, | //數字 8 |
| 10 | {3, 4, 5, 6, 8, 9} | //數字 9 |
| 11 | }; | |
| 12 | int num=0; | //數字變數 |
| 13 | int segment=0; | //LED 腳位變數 |
| 14 | void led_dark(){ | //將七段顯示器 LED 全部熄滅 |
| 15 | for(segment=3;segment<=10;segment++) | |
| 16 | digitalWrite(segment,HIGH); | |
| 17 | delay(1000); | |
| 18 | } | |
| 19 | void setup(){ | |
| 20 | for(segment=3;segment<=10;segment++) | |

```
21        pinMode(segment,OUTPUT);                      //接腳設定輸出
22    }
23  void loop(){
24    led_dark();                                       //將七段顯示器
                                                          LED 全部熄滅
25    for(num=0;num<10;num++) {
26        for(segment=0;segment<7;segment++)            //每 1 秒切換顯示
                                                          數字 0～9
27                digitalWrite(led_num[num][segment],LOW);
28            delay(1000);
29            led_dark();                               //將七段顯示器
                                                          LED 全部熄滅
30        }
31      }
```

程式說明

| 行號 | 程式說明 |
|---|---|
| 1 | 定義二維陣列共十行七個輸出控制，陣列第一行為七段顯示器，顯示 0 所要控制的 Arduino 輸出編號。 |
| 2 | 陣列第二行為七段顯示器，顯示 1 所要控制的 Arduino 輸出腳位。 |
| 3 | 陣列第三行為七段顯示器，顯示 2 所要控制的 Arduino 輸出腳位。 |
| 4 | 陣列第四行為七段顯示器，顯示 3 所要控制的 Arduino 輸出腳位。 |
| 5 | 陣列第五行為七段顯示器，顯示 4 所要控制的 Arduino 輸出腳位。 |
| 6 | 陣列第六行為七段顯示器，顯示 5 所要控制的 Arduino 輸出腳位。 |

| 7 | 陣列第七行爲七段顯示器，顯示 6 所要控制的 Arduino 輸出腳位。 |
| 8 | 陣列第八行爲七段顯示器，顯示 7 所要控制的 Arduino 輸出腳位。 |
| 9 | 陣列第九行爲七段顯示器，顯示 8 所要控制的 Arduino 輸出腳位。 |
| 10 | 陣列第十行爲七段顯示器，顯示 9 所要控制的 Arduino 輸出腳位。 |
| 11 | 二維陣列結束。 |
| 12 | 宣告顯示數字變數。 |
| 13 | 宣告七段顯示器各個 LED 編號變數。 |
| 14 | 宣告 LED 全部熄滅副程式。 |
| 15 | 使用 for 迴圈，控制 Arduino 第 3 隻接腳依序控制到第 10 隻接腳來熄滅所有的 LED 燈。 |
| 16 | 將 Arduino 第 3 隻接腳依序控制到第 10 隻接腳均輸出 HIGH 來熄滅所有的 LED 燈。 |
| 17 | 呼叫延遲副程式 delay(1000)，單位爲毫秒(ms)，設定 1000 即延遲 1 秒。 |
| 18 | LED 全部熄滅副程式結束。 |
| 19 | 宣告程式開始的設定副程式。 |
| 20 | 使用 for 迴圈，設定 Arduino 第 3 隻接腳依序到第 10 隻接腳。 |
| 21 | 將 Arduino 第 3 隻接腳依序控制到第 10 隻接腳均設定爲 OUTPUT 輸出。 |
| 22 | 程式開始的設定副程式結束。 |
| 23 | 無窮迴圈副程式。 |
| 24 | 呼叫副程式 LED 全部熄滅，，因爲 LED 接腳設定爲數位輸出時爲 LOW 會點亮 LED，若無此副程式會讓七段顯示器顯示 8，並亮 8 秒。 |
| 25 | 使用雙層 for 迴圈來完成重覆顯示 0～9 數字，間隔時間爲 1 秒鐘，外層 for 迴圈設定顯示數字 0～9。 |
| 26 | 內層 for 迴圈由陣列顯示的數字 0～9 查表得 Arduino 接腳順序設定。 |
| 27 | Arduino 接腳設定爲 LOW 讓七段顯示器的 LED 燈點亮，控制顯示數字 0～9。 |

| 28 | 呼叫延遲副程式 delay(1000)，單位爲毫秒(ms)，設定 1000 即延遲 1 秒，每 1 秒切換一個數字(0～9)。 |
| 29 | 呼叫副程式 LED 全部熄滅,，來重新設定七段顯示器的 LED 燈爲熄滅。 |
| 30 | 雙層 for 迴圈結束。 |
| 31 | 重覆執行 24～30 行動作。 |

練習 一、利用 Arduino 輸出埠控制七段顯示器，用查表法完成一個七段顯示器顯示 0～F

## 本章習題

### 選擇題

(　　)1. 共陽極七段顯示器的共同端(COM)要接下列何者？
(A)空接　(B)VCC(+5V)　(C)GND　(D)接電阻到地(Pull LOW)。

(　　)2. 共陰極七段顯示器的共同端(COM)要接下列何者？
(A)空接　(B)VCC(+5V)　(C)GND　(D)接電阻到 VCC(Pull HIGH)。

(　　)3. 單顆七段顯示器共 10 支接腳，請問共同端(COM)是第幾支腳？
(A)0　(B)1　(C)2　(D)3。

(　　)4. 請問 delay(1000)表示？　(A)延遲 1000 秒　(B) 延遲 1 秒　(C)延遲 1 毫秒　(D)延遲 1000 微秒。

(　　)5. 希望設定輸出腳模式，應呼叫？　(A) pinMode ()　(B) digitalWrite ()　(C) setup ()　(D) delay ()。

(　　)6. 關於 LED 低電位驅動的敘述，何者有誤？　(A)驅動 LED 的電流比較大　(B)輸出腳為 HIGH 時，LED 亮　(C)輸出腳為 HIGH 時，LED 滅　(D) LED 的陽極要接在 $V_{CC}$(+5V)。

(　　)7. 請問 digitalWrite (PIN,HIGH)表示？　(A)設定 PIN 接腳為輸出腳　(B)設定 PIN 接腳為輸出腳　(C)設定 PIN 接腳輸出為高電位(VCC)　(D)設定 PIN 接腳為輸出為低電位(GND)。

(　　)8. 關於機械式繼電器的敘述，何者有誤？　(A)主要缺點是切換速度慢　(B)機械式繼電器可控制家電開關　(C)使用光耦合器驅動　(D)機械式繼電器可用 PWM(脈波寬度調變)方法來控制燈泡亮度。

(　　)9. 繼電器的 NO 意義為何？　(A)常態時開關閉合　(B)繼電器不動作時開關閉合　(C)繼電器不動作時開關打開　(D)繼電器動作時開關打開。

(　　)10.繼電器的 NC 意義為何？　(A)常態時開關打開　(B)繼電器動作時開關閉合　(C)繼電器不動作時開關打開　(D)繼電器不動作時開關閉合。

## 問答題

1. 請問共陽極七段顯示器的 COM 要接電源或接地？請問共陰極七段顯示器的 COM 要接電源或接地？

2. 請問 LED 燈的亮度與何種電訊號有關？

3. 請問 110V，60W 的燈泡電流為何？燈泡內阻為何？

4. 請問 LED 燈的正常工作電流？

5. 請問繼電器動作(ON)，需要多少電流？

## 實作題

1. 利用 Arduino 輸出埠完成 60 秒的計時碼表，以兩個七段顯示器顯示 00～59。

2. 利用 Arduino 輸出埠控制 8×8 的 LED 點矩陣，顯示 0～9 數字。

3. 利用 Arduino 輸出埠控制喇叭發出 1 kHz 的頻率。

# Arduino

## CHAPTER

# 5

# 輸入原理與基本實驗

## 5-1 指撥開關控制

### 實驗 5-1 指撥開關控制(4-DIP 對 4-LED)

**目的** 利用 LED 亮滅反應指撥開關(DIP switch)的狀態,來了解輸入及輸出合併使用方法及程式的撰寫技巧。

**功能** Arduino uno 實驗板的第 0～3 Pin 腳作為輸出控制,接到 LED 的 N 極,LED 的 P 極接一個限流電阻 220Ω,限流電阻的另一端接到 5V。第 8～11 Pin 腳當輸入端接到指撥開關,而指撥開關另一端接一個提升電阻 10kΩ。本實驗的功能是將指撥開關的 ON/OFF 狀態直接反應在 LED 的亮滅狀態下,當指撥開關於 ON 時,對應之 LED 會亮,反之當指撥開關於 OFF 時,對應之 LED 會滅掉。

**原理** 由指撥開關的開關數量,可分為 2P、4P、5P、8P…等,2P 是指撥開關內部有獨立兩個開關,5P 是有 5 個獨立開關。圖 5-1-1 為 5P 的指撥開關實體圖,通常會在指撥開關上標示「ON」或記號,若將開關撥到「ON」端時,則接點為接通(on),撥到另一端時,則接點為開路(off)。

◎ 圖 5-1-1 為 5P 的指撥開關實體圖

電路圖

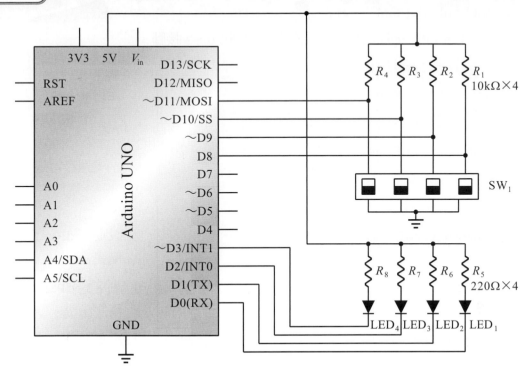

圖 5-1-2　指撥開關控制

主要元件

| 編號 | 元件項目 | 數量 | 元件名稱 |
|------|----------|------|----------|
| 1 | Arduino1 | 1 | Arduino UNO |
| 2 | $LED_{1\sim4}$ | 4 | LED |
| 3 | $R_1\sim R_4$ | 4 | 10 kΩ |
| 4 | $R_5\sim R_8$ | 4 | 220 Ω |
| 5 | $SW_1$ | 1 | 4P 指撥開關 |

程式設計

//設定 DIP switch 分別接到 ARDUINO 發展板的第 8～11 接腳。

| 行號 | 程式敘述 | 註解 |
|------|----------|------|
| 1 | `const int dipsw1 = 8;` | |
| 2 | `const int dipsw2 = 9;` | |

```
3    const int dipsw3 = 10;
4    const int dipsw4 = 11;
```

//設定 4 個 LED 分別接到 ARDUINO 發展板的第 0～3 接腳。

```
5    const int ledPin1 = 0;
6    const int ledPin2 = 1;
7    const int ledPin3 = 2;
8    const int ledPin4 = 3;

9    void setup(){
10     pinMode(ledPin1, OUTPUT);
11     pinMode(ledPin2, OUTPUT);
12     pinMode(ledPin3, OUTPUT);
13     pinMode(ledPin4, OUTPUT);
14     pinMode(dipsw1, INPUT);
15     pinMode(dipsw2, INPUT);
16     pinMode(dipsw3, INPUT);
17     pinMode(dipsw4, INPUT);
18   }

19   void loop(){
```

| 行 | 說明 |
|---|---|
| 10 | //設定 ledPin1 為輸出模式。 |
| 11 | //設定 ledPin2 為輸出模式。 |
| 12 | //設定 ledPin3 為輸出模式。 |
| 13 | //設定 ledPin4 為輸出模式。 |
| 14 | //設定 dipsw1 為輸入模式。 |
| 15 | //設定 dipsw2 為輸入模式。 |
| 16 | //設定 dipsw3 為輸入模式。 |
| 17 | //設定 dipsw4 為輸入模式。 |
| 19 | //主程式開始 |

```
20    digitalWrite(ledPin1,digitalRead(dipsw1));    //讀取 dipsw1 的值並
                                                       輸出到 ledPin1。

21    digitalWrite(ledPin2,digitalRead(dipsw2));    //讀取 dipsw2 的值並
                                                       輸出到 ledPin2。

22    digitalWrite(ledPin3,digitalRead(dipsw3));    //讀取 dipsw3 的值並
                                                       輸出到 ledPin3。

23    digitalWrite(ledPin4,digitalRead(dipsw4));    //讀取 dipsw4 的值並
                                                       輸出到 ledPin4。

24    }                                             //主程式結束
```

(練習)

## 選擇題

(    )1. 下列何者為設定 Arduino uno 實驗板的第 0 Pin 腳為輸出？　(A)pinMode(0, OUTPUT)　(B)pinMode(0, INPUT)　(C)pinMode(0, HIGH)　(D)pinMode(0, LOW)。

(    )2. 下列何者為設定 Arduino uno 實驗板的第 8 Pin 腳為輸入？　(A)pinMode(8, OUTPUT)　(B)pinMode(8,INPUT)　(C)pinMode(8, HIGH)　(D)pinMode(8, LOW)。

(    )3. Arduino uno 實驗板的第 1 Pin 腳接到 LED 的 N 極，而 LED 的 P 極接一個限流電阻後，電阻的另一端接+5V，要控制 LED 亮或滅，則 Pin 腳要設定為　(A)輸入　(B)輸出　(C)不須要設定　(D)輸出和輸入都設定。

(    )4. Arduino uno 實驗板的第 1 Pin 腳接到 LED 的 N 極，而 LED 的 P 極接一個限流電阻後，電阻的另一端接+5V，要使 LED 亮，指令為 (A)digitalWrite(1, LOW)　(B)digitalWrite(1, HIGH)　(C)digitalWrite(1, INPUT)　(D)digitalWrite(1, OUTPUT)。

(    )5. Arduino uno 實驗板的第 10 Pin 腳接到指撥開關的一端，而指撥開關另一端接一個提升電阻後，提升電阻的另一端接+5V，要讀取指撥開關的狀態其指令為　(A)digitalWrite(10)　(B)digitalWrite(10, INPUT)　(C)digitalRead(10)　(D)digitalRead (10, INTPUT)。

**問答題**

1. 圖 5-2 中限流電阻的其用途爲何？

2. 圖 5-2 中提升電阻的其用途爲何？

3. 程式執行時，當指撥開關的 4 個開關都是撥到 ON 的狀態時，LED 的亮滅情形爲何？

**實作題**

1. 試使用指撥開關 ON/OFF 狀態直接反應在對應的 LED 上，當指撥開關於 ON 時，對應之 LED 會作閃爍動作，反之當指撥開關於 OFF 時，對應之 LED 會滅掉。

## 5-2 開關控制十六進位數字

### 實驗 5-2 開關控制十六進位數字(4-DIP 對 7-SEG)

目的 ▸ 利用 4P 的指撥開關當輸入,七段顯示器爲輸出顯示,以了解十六進位數目之使用及程式的撰寫技巧。

功能 ▸ 在 Arduino uno 實驗板的第 0～7 Pin 腳當輸出端接七段顯示器各節段的 N 極(本實驗是使用共陽極的七段顯示器),第 8～11 Pin 腳當輸入端接指撥開關。將指撥開關的十六進位的輸入值,直接顯示在七段顯示器上。

原理 ▸ 本實驗使用二種程式控制方式。(一)、使用 pinMode( )、digitalWrite( )及 digitalRead( )三個函數撰寫控制。(二)、使用 CPU 內部暫存器 DDRB、DDRD、PINB 及 PORTD 來撰寫控制程

DDRB:爲方向控制暫存器,設定 B 埠爲輸入或輸出的暫存器,0 爲輸入,1 爲輸出。

PINB:當 B 埠設定爲輸入時,使用 PINB 來讀取 B 埠之資料。在 UNO 的接腳爲 8～13。

DDRD:爲方向控制暫存器,設定 D 埠爲輸入或輸出的暫存器,0 爲輸入,1 爲輸出。

PORTD:當 D 埠設定爲輸出時,使用 PORTD 來輸出資料到 D 埠 pin 腳上。在 UNO 的接腳爲 0～7。

(三)使用 bitRead(x,n)函數。x 爲讀取自變數,n 爲變數內的第 n 位元。例如,x=00110,則 bitRead(x,0)會傳回爲 0,bitRead(x,2)會傳回 1。

### 範例 1:DDRB = 0x0f ;

說明 ▸ 設定 B 埠的第 0 , 1, 2, 3 位元爲輸出,第 4 , 5, 6, 7 位元爲輸入。

### 範例 2:DDRB = 0x00 ; x=PINB ;

說明 ▸ DDRB = 0x00,設定 B 埠爲輸入,

x=PINB 將 B 埠 pin 腳的狀態讀取並放入 x 變數中。

電路圖

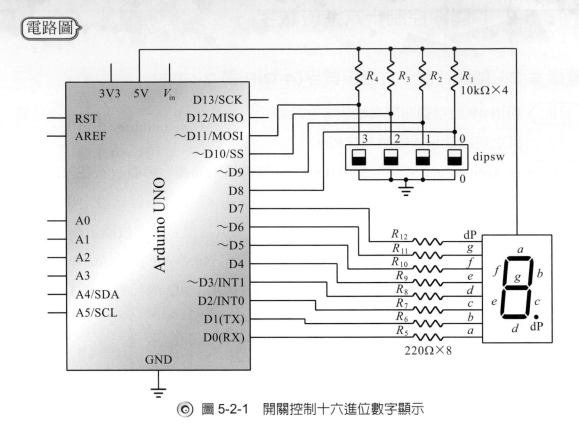

◎ 圖 5-2-1　開關控制十六進位數字顯示

主要元件

| 編號 | 元件項目 | 數量 | 元件名稱 |
|---|---|---|---|
| 1 | Arduino1 | 1 | Arduino UNO |
| 2 | 7 段顯示器 | 1 | 共陽極 7 段顯示器 |
| 3 | $R_1 \sim R_4$ | 4 | 10kΩ |
| 4 | $R_5 \sim R_{12}$ | 4 | 220Ω |
| 5 | SW1 | 1 | 4P 指撥開關 |

程式設計

程式(一)

```
//    Arduino 發展板之 PIN 腳    0  1  2  3  4  5  6  7
//    七段顯示器 之 PIN 腳     a  b  c  d  e  f  g  dp
```

| 行號 | 程式敘述 | 註解 |
|---|---|---|
| 1 | char dipsw[4] = {8, 9, 10, 11}; | //定義指撥開關之接腳 |
| 2 | char a[4] ; | |
| 3 | char led_num[16][8] = { | //定義七段顯示器顯示碼陣列 led_num[x][0]為七段顯示器亮的節段數目 |
| 4 | {6, 0, 1, 2, 3, 4, 5}, | //顯示 0 |
| 5 | {2, 1, 2}, | //顯示 1 |
| 6 | {5, 0, 1, 3, 4, 6}, | //顯示 2 |
| 7 | {5, 0, 1, 2, 3, 6}, | //顯示 3 |
| 8 | {4, 1, 2, 5, 6}, | //顯示 4 |
| 9 | {5, 0, 2, 3, 5, 6}, | //顯示 5 |
| 10 | {6, 0, 2, 3, 4, 5, 6}, | //顯示 6 |
| 11 | {3, 0, 1, 2}, | //顯示 7 |
| 12 | {7, 0, 1, 2, 3, 4, 5, 6}, | //顯示 8 |
| 13 | {6, 0, 1, 2, 3, 5, 6}, | //顯示 9 |
| 14 | {6, 0, 1, 2, 4, 5, 6}, | //顯示 A |
| 15 | {5, 2, 3, 4, 5, 6}, | //顯示 b |
| 16 | {3, 3, 4, 6}, | //顯示 c |
| 17 | {5, 1, 2, 3, 4, 6}, | //顯示 d |
| 18 | {5, 0, 3, 4, 5, 6}, | //顯示 E |
| 19 | {4, 0, 4, 5, 6} | //顯示 F |
| 20 | }; | |

```
21    int num=0;

22    int i=0;


23    void led_dark(){                      //將 LED 全部熄滅副程式

24      for(i=0;i<=7;i++)

25        digitalWrite(i,HIGH);

26      }


27    void setup(){

28      for(i=0;i<=7;i++)                   //設定接腳 0-7 為輸出

29        pinMode(i,OUTPUT);

30      for(i=8;i<=11;i++)                  //設定接腳 8-11 為輸入

31    pinMode(i,INPUT);

32    led_dark();                           //將 LED 全部熄滅

33      }


34    void loop(){                          //主程式

35      int z ;

36      num=0 ;

37      for(i=0;i<=3;i++)                   //讀取指撥開關，並分別存入

38        a[i]=digitalRead(dipsw[i]);       //a[]陣列中

39      num=a[3]*8 + a[2]*4 + a[1]*2 + a[0] ;  //將 a[]的二進位值轉成十進
                                            //  位

40      z= led_num[num][0] ;               //將點亮 num 值的節段數量放
                                            //  進 z，例如當 num=0 時，會
                                            //  將 led_num[0][0]的值 6
                                            //  放進 z
```

| 41 | for(i=1;i<=z;i++) | //顯示指撥開關之值 |
| 42 | digitalWrite(led_num[num][i],LOW); | |
| 43 | delay(100); | //延時 0.1 秒 |
| 44 | led_dark(); | //將七段顯示器熄滅 |
| 45 | } | |

程式(二)

| 行號 | 程式敘述 | 註解 |
|---|---|---|
| 1 | unsigned char LED[16]= | |
| 2 | { 0xc0,0xf9,0xa4,0xb0, | //0～3 的顯示碼 |
| 3 | 0x99,0x92,0x82,0xf8, | //4～7 的顯示碼 |
| 4 | 0x80,0x98,0x88,0x83, | //8～b 的顯示碼 |
| 5 | 0xa7,0xa1,0x86,0x8e}; | //c～F 的顯示碼 |
| 6 | void setup(){ | |
| 7 | DDRB = 0x00 ; | //設定 PORT B 為輸入<br>實驗板的 Pin 8-13 為 PORT B |
| 8 | DDRD = 0xff ; | //設定 PORT D 為輸出<br>實驗板的 Pin 0-7 為 PORT D |
| 9 | } | |
| 10 | void loop(){ | //主程式開始 |
| 11 | unsigned char num ; | |
| 12 | num = PINB & 0x0f ; | //由 PORT B 的指撥開關的狀態值和 0x0f<br>作 AND 取低 4 位元之值。 |
| 13 | PORTD =LED[num] ; | |
| 14 | } | //主程式結束 |

程式(三)

```
//   Arduino 發展板之 PIN 腳   0 1 2 3 4 5 6 7
//   七段顯示器 之 PIN 腳      a b c d e f g dp
```

| 行號 | 程式敘述 | 註解 |
|------|---------|------|
| 1 | char dipsw[4] = {8, 9, 10, 11}; | //定義指撥開關之接腳 |
| 2 | char a[4] ; | |
| 3 | byte led_num[16]= { | //定義七段顯示器顯示碼陣列 |
| 4 | B11000000, | //顯示 0 |
| 5 | B11111001, | //顯示 1 |
| 6 | B10100100, | //顯示 2 |
| 7 | B10110000, | //顯示 3 |
| 8 | B10011001, | //顯示 4 |
| 9 | B10010010, | //顯示 5 |
| 10 | B10000010, | //顯示 6 |
| 11 | B11111000, | //顯示 7 |
| 12 | B10000000, | //顯示 8 |
| 13 | B10010000, | //顯示 9 |
| 14 | B10001000, | //顯示 A |
| 15 | B10000011, | //顯示 b |
| 16 | B10100111, | //顯示 c |
| 17 | B10100001, | //顯示 d |
| 18 | B10000110, | //顯示 E |
| 19 | B10001110, | //顯示 F |
| 20 | }; | |
| 21 | int num=0; | |

```
22   int i=0;

23   void setup(){
24     for(i=0;i<=7;i++)                      //設定接腳 0-7 為輸
                                               出
25       pinMode(i,OUTPUT);
26     for(i=8;i<=11;i++)                     //設定接腳 8-11 為輸
                                               出
27       pinMode(i,INPUT);
28   }

29

30   void loop(){                            //主程式
31     for(i=0;i<=3;i++)                     //讀取指撥開關，並分
                                              別存入
32     a[i]=digitalRead(dipsw[i]);           //a[]陣列中
33     num=a[3]*8+a[2]*4+a[1]*2+a[0]         //將 a[]的二進位值轉
                                              成十進位
       for(i=0;i<=7;i++)                     //顯示指撥開關之數值
34   digitalWrite(i,bitRead(led_num[num],i))
35   }
```

練習

## 選擇題

(　　)1. 本實驗中，指撥開關接到 Arduino uno 實驗板的第幾 Pin 腳？
(A)0,1,2,3　(B)3,4,5,6　(C)4,5,6,7　(D)8,9,10,11。

(　　)2. 本實驗中，七段顯示器顯示 5 時，指撥開關(dipsw3, dipsw2, dipsw1, dipsw0)的狀態為何？　(A)on, off, on, off　(B)on, off, off, off　(C)off, on, off, off
(D)on, on, off, off。

(　　)3 本實驗中，七段顯示器顯示 7 時，指撥開關的狀態為何？　(A)on, off, on,
off　(B)on, off, off, off　(C)off, on, off, off　(D)on, on, off, off。

(　　)4. 下列何者為方向控制暫存器？　(A)DDRB　(B)DDRD　(C)PINB
(D)PORTD。

(　　)5. 本實驗中，要使七段顯示器顯示 8 時，下列何者為真？　(A)PORTB=0x80
(B)PORTB=0xff　(C)PORTD=0x00　(D)PORTD=0x80。

## 問答題：

1. 請畫出共陽極七段顯示器及共陰極七段顯示器的結構？
2. 如何利用 CPU 內部暫存器設定 B 埠為輸入模式？
3. 如何利用 CPU 內部暫存器設定 D 埠為輸出模式？

## 實作題

1. 試使用指撥開關 dipsw0 控制，使 7 段顯示器從 0 顯示到 9。
2. 試使用指撥開關 dipsw1 控制，使 7 段顯示器從 9 顯示到 0。
3. 試使用指撥開關 dipsw2 控制，使 7 段顯示器從 0 顯示到 9，再從 9 顯示到 0。
4. 試使用指撥開關 dipsw3 控制，使 7 段顯示器全亮、全滅閃爍顯示。
5. 整合前 4 題為一個控制程式。

## 5-3 多重按鈕指撥開關控制

### 實驗 5-3 多重按鈕指撥開關控制(4-BTN 對 8-LED)

目的 ▸ 使用 4 個按鈕開關(push button)來控制 8 個 LED 左移、右移、左右閃爍和霹靂等亮滅動作,學習按鈕開關的控制方法及程式的撰寫技巧。

功能 ▸

1. 按一下按鈕開關 sw[0],前 4 個 LED、後 4 個 LED 交互顯示 5 次(即前 4 個 LED 亮、後 4 個 LED 不亮,0.2 秒後,切換為前 4 個 LED 不亮、後 4 個 LED 亮,0.2 秒;如此重覆 5 次),然後 8 個 LED 閃爍 5 次(每閃爍 1 次為全亮 0.2 秒、全暗 0.2 秒)。

2. 按一下按鈕開關 sw[1],單燈左移 5 圈,然後 8 個 LED 閃爍 5 次。

3. 按一下按鈕開關 sw[2],單燈右移 5 圈,然後 8 個 LED 閃爍 5 次。

4. 按一下按鈕開關 sw[3],霹靂燈 5 圈,然後 8 個 LED 閃爍 5 次。

程式設計 ▸ 本實驗提供二個不同方法撰寫,1.程式(一)使用位元方式。2.程式(二)使用位元組控制方式,及使用 CPU 內部暫存器 DDRB、DDRD 及 PORTD 等。

電路圖 ▸

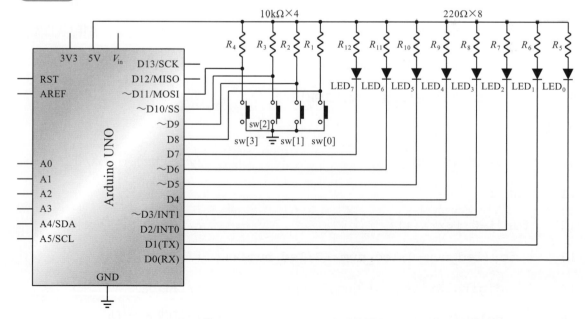

◉ 圖 5-3-1 多重按鈕開關控制

主要元件

| 編號 | 元件項目 | 數量 | 元件名稱 |
|---|---|---|---|
| 1 | Arduino1 | 1 | Arduino UNO |
| 2 | $LED_{0\sim7}$ | 8 | LED |
| 3 | $R_1\sim R_4$ | 4 | 10kΩ |
| 4 | $R_5\sim R_{12}$ | 8 | 220Ω |
| 5 | SW[0]～SW[3] | 4 | 按鈕開關 |

程式設計

程式(一)

| 行號 | 程式敘述 | 註解 |
|---|---|---|

```
1   int led_run[8]={0, 1, 2, 3, 4, 5, 6, 7};   //LED 接腳定義
2   int sw[4] = {8, 9, 10 ,11};                //SW 接腳位定義
3   int led_num=0;                             //led 腳位變數
4   #define ON LOW                             //定義 ON 為 LOW
5   #define OFF HIGH                           //定義 OFF 為 HIGH
6   void led_dark(){                           //led_dark()副程式開始
7     for(led_num=0;led_num<=7;led_num++)      //將 LED 全部熄滅
8       digitalWrite(led_num,HIGH);
9   }
10  void left(int x){                          //left()副程式開始
11    int i ;
12    for(i=0;i<x;i++){                         //LED 單燈左移 x 圈
13      for(led_num=0;led_num<=7;led_num++){    //LED 單燈左移
14        digitalWrite(led_num,LOW);            //LED 亮
15        delay(200);                           //延時 0.2 秒
```

| 16 | `digitalWrite(led_num,HIGH);  }` | //LED 滅 |
| 17 | `}` | |
| 18 | `}` | //left(int x)副程式結束 |
| 19 | `void right(int x){` | //right()副程式開始 |
| 20 | `int i ;` | |
| 21 | `for(i=0;i<x;i++){` | //LED 單燈右移 x 圈 |
| 22 | `for(led_num=7;led_num>=0;led_num--){` | //LED 單燈右移 |
| 23 | `digitalWrite(led_num,LOW);` | //單一 LED 亮 |
| 24 | `delay(200);` | //延時 0.2 秒 |
| 25 | `digitalWrite(led_num,HIGH);  }` | //單一 LED 不亮 |
| 26 | `}` | |
| 27 | `}` | //right()副程式結束 |
| 28 | `void alter(int x){` | //alter()副程式開始 |
| 29 | `int i ;` | |
| 30 | `for(i=0;i<x;i++){` | //4 個 LED 交換亮 x 次 |
| 31 | `for(led_num=0;led_num<=3;led_num++)` | //前 4 個 LED 亮 |
| 32 | `digitalWrite(led_num,LOW);` | |
| 33 | `for(led_num=4;led_num<=7;led_num++)` | //後 4 個 LED 不亮 |
| 34 | `digitalWrite(led_num,HIGH);` | |
| 35 | `delay(200);` | //延時 0.2 秒 |
| 36 | `for(led_num=0;led_num<=3;led_num++)` | //前 4 個 LED 不亮 |
| 37 | `digitalWrite(led_num,HIGH);` | |
| 38 | `for(led_num=4;led_num<=7;led_num++)` | //後 4 個 LED 亮 |
| 39 | `digitalWrite(led_num,LOW);` | |
| 40 | `delay(200);` | //延時 0.2 秒 |
| 41 | `}` | |

```
42    }
43    void flash(int x){                              //flash()副程式開始
44      int i ;
45      for(i=0;i<x;i++){                             //8個LED閃爍x次
46       for(led_num=0;led_num<=7;led_num++)          //8個LED全亮
47        digitalWrite(led_num,LOW);
48       delay(200);                                  //延時0.2秒
49       for(led_num=0;led_num<=7;led_num++)          //8個LED全不亮
50        digitalWrite(led_num,HIGH);
51       delay(200);                                  //延時0.2秒
52      }                                             //flash()副程式結束
53    }
54    void pili(int x){                               //pili()副程式開始
55      int i ;
56      for(i=0;i<x;i++){                             //霹靂燈來回x次
57       left(1);                                     //霹靂燈左移1次
58       right(1);                                    //霹靂燈右移1次
59      }
60    }                                               //pili()副程式結束
61    void setup(){                                   //setup()副程式開始
62      for(led_num=0;led_num<=7;led_num++)           //接腳0～7設定為輸出
63       pinMode(led_num,OUTPUT);
64      for(led_num=8;led_num<=11;led_num++)          //接腳8～11設定為輸入
65       pinMode(led_num,INPUT);
66      led_dark();                                   //將LED全部熄滅
67    }                                               //setup()副程式結束
```

```
68  void loop(){                              //主程式開始
69    if(digitalRead(sw[0])==ON){            //sw[0]被按下
70      alter(5);                            //前4個和後4個LED
                                               交互顯示5次
71      flash(5); }                          //8個LED閃爍5次
72    else if(digitalRead(sw[1])==ON){       //sw[1]被按下
73      left(5);                             //單燈左移5圈
74      flash(5);}                           //8個LED閃爍5次
75    else if(digitalRead(sw[2])==ON){       //sw[2]被按下
76      right(5);                            //單燈右移5圈
77      flash(5);}                           //8個LED閃爍5次
78    else if(digitalRead(sw[3])==ON){       //sw[3]被按下
79      pili(5);                             //霹靂燈來回5次
80      flash(5);}                           //8個LED閃爍5次
81    else {
82      led_dark(); }                        //8個LED全不亮
83    }                                      //主程式結束
```

程式(二)

| 行號 | 程式敘述 | 註解 |
|------|----------|------|
| 1 | `unsigned char LED_left[]={0xfe,0xfd,` | //LED 左移定義 |
| 2 | `0xfb,0xf7,0xef,0xdf,0xbf,0x7f};` | |
| 3 | `unsigned char LED_right[]={0x7f,0xbf,` | //LED 右移定義 |
| 4 | `0xdf,0xef,0xf7,0xfb,0xfd,0xfe};` | |
| 5 | `int sw[4] = {8, 9, 10 ,11};` | //按鈕開關接腳定義 |
| 6 | `#define ON LOW` | //定義 ON 為 LOW |
| 7 | `void left(int x){` | //left()副程式開始 |
| 8 | `  int i,j ;` | |
| 9 | `  for(i=0;i<x;i++){` | //LED 單燈左移 x 圈 |
| 10 | `   for(j=0;j<8;j++){` | //LED 單燈左移 |
| 11 | `    PORTD = LED_left[j];` | |
| 12 | `    delay(200); }` | //延時 0.2 秒 |
| 13 | `   }` | |
| 14 | `  }` | //left(int x)副程式結束 |
| 15 | | //left()副程式結束 |
| 16 | `void right(int x){` | //right()副程式開始 |
| 17 | `  int i,j ;` | |
| 18 | `  for(i=0;i<x;i++){` | //LED 單燈右移 x 圈 |
| 19 | `   for(j=0;j<8;j++){` | |
| 20 | `    PORTD = LED_right[j];` | //LED 單燈右移 |
| 21 | `    delay(200);  }` | //延時 0.2 秒 |
| 22 | `  }` | |
| 23 | `}` | //right()副程式結束 |
| 24 | | |

| | | |
|---|---|---|
| 25 | `void alter(int x){` | //alter()副程式開始 |
| 26 | `int i ;` | |
| 27 | `for(i=0;i<x;i++){` | //前 4 個和後 4 個 LED<br>交互顯示 x 次 |
| 28 | `PORTD = 0xf0 ;` | //前 4 個亮後 4 個滅 |
| 29 | `delay(200);` | //延時 0.2 秒 |
| 30 | `PORTD = 0x0f ;` | //後 4 個亮前 4 個滅 |
| 31 | `delay(200); }` | //延時 0.2 秒 |
| 32 | `}` | //alter()副程式結束 |
| 33 | | |
| 34 | `void flash(int x){` | //flash()副程式開始 |
| 35 | `int i ;` | |
| 36 | `for(i=0;i<x;i++){` | //8 個 LED 閃爍 x 次 |
| 37 | `PORTD = 0x00 ;` | //8 個 LED 全亮 |
| 38 | `delay(200);` | //延時 0.2 秒 |
| 39 | `PORTD = 0xff ;` | //8 個 LED 全不亮 |
| 40 | `delay(200); }` | //延時 0.2 秒 |
| 41 | `}` | //flash()副程式結束 |
| 42 | | |
| 43 | `void pili(int x){` | //pili()副程式開始 |
| 44 | `int i ;` | |
| 45 | `for(i=0;i<x;i++){` | //霹靂燈來回 x 次 |
| 46 | `left(1);` | //霹靂燈左移 1 次 |
| 47 | `right(1); }` | //霹靂燈右移 1 次 |
| 48 | `}` | //pili()副程式結束 |

```
49
50   void setup(){                              //setup()副程式開始
51     DDRB = 0x00 ;                            //設定 PORT B 為輸入
52     DDRD = 0xff ;                            //設定 PORT D 為輸出
53     PORTD = 0xff ;                           //LED 全部熄滅
54   }                                          //setup()副程式結束
55
56   void loop(){                               //主程式開始
57   if(digitalRead(sw[0])==ON){                //sw[0] 被按下
58     alter(5);                                //前 4 個和後 4 個 LED
                                                  交互顯示 5 次
59     flash(5); }                              //8 個 LED 閃爍 5 次
60   else if(digitalRead(sw[1])==ON){           //sw[1] 被按下
61     left(5);                                 //單燈左移 5 圈
62     flash(5); }                              //8 個 LED 閃爍 5 次
63   else if(digitalRead(sw[2])==ON){           //sw[2] 被按下
64     right(5);                                //單燈右移 5 圈
65     flash(5);}                               //8 個 LED 閃爍 5 次
66   else if(digitalRead(sw[3])==ON){           //sw[3] 被按下
67     pili(5);                                 //霹靂燈來回 5 次
68     flash(5);}                               //8 個 LED 閃爍 5 次
69   else {
70     PORTD = 0xff ; }                         //8 個 LED 全不亮
71   }                                          //主程式
```

練習

## 選擇題

(　　)1. 本實驗中,按一下按鈕開關 sw[1],會執行那幾個副程式? 　(A)alter(5); flash(5)　(B)left(5); flash(5)　(C)right(5); flash(5)　(D)pili(5); flash(5)。

(　　)2. 本實驗中,按一下按鈕開關 sw[2],會執行那幾個副程式? 　(A)alter(5); flash(5)　(B)left(5); flash(5)　(C)right(5); flash(5)　(D)pili(5); flash(5)。

(　　)3. 本實驗中,按一下按鈕開關 sw[3],會執行那幾個副程式? 　(A)alter(5); flash(5)　(B)left(5); flash(5)　(C)right(5); flash(5)　(D)pili(5); flash(5)。

(　　)4. 本實驗中,按一下按鈕開關 sw[3],不執行全亮全滅閃爍 5 次,要使那一個副程式不執行? 　(A)alter(5)　(B)flash(5)　(C)right(5)　(D)pili(5)。

(　　)5. 本實驗中,按一下按鈕開關 sw[3],執行全亮全滅閃爍 10 次,要更改那一個副程式為 　(A)flash(10)　(B)alter(10)　(C)right(10)　(D)pili(10)。

## 問答題

1. 請問 left ()的作用為何?
2. 請問 right ()的作用為何?
3. 請問 alter ()的作用為何?
4. 請問 pili ()的作用為何?

## 實作題

1. 模擬汽車之方向燈、煞車燈及緊急燈控制。

　　a. 試使用按鈕開關 sw[0] 模擬左轉燈控制。

　　b. 試使用按鈕開關 sw[1] 模擬右轉燈控制。

　　c. 試使用按鈕開關 sw[2] 模擬煞車燈控制。

　　d. 試使用按鈕開關 sw[3] 模擬緊急燈控制。

# CHAPTER 6

# 類比輸出入原理與基本實驗

## 6-1 類比輸出入介紹

　　類比輸出入是 Arduino 微控制器非常好用的功能，因此本章使用微控制器開發板 Arduino 的類比輸出埠，分別在實驗 6-1 PWM 類比輸出控制 LED 的亮度；在實驗 6-2 電壓轉類比輸入，使用可變電阻來產生類比輸入電壓，由 Arduino 的類比輸入埠得到輸入電壓值，轉換成 PWM 類比輸出控制 LED 的亮度；在實驗 6-3 溫度轉類比輸入使用熱敏電阻(NTC)感測不同的環境溫度，來產生類比輸入電壓，由 Arduino 的類比輸入埠得到輸入電壓值，轉換成 PWM 類比輸出控制 LED 的亮度；在實驗 6-4 亮度轉類比輸入使用光敏電阻(CDS)感測不同的環境光照度，來產生類比輸入電壓，由 Arduino 的類比輸入埠得到輸入電壓值，轉換成 PWM 類比輸出控制 LED 的亮度。

## 6-2　實例演練

### 實驗 6-1　PWM 類比輸出(呼吸的 LED)

**目的** 了解 Arduino 使用 PWM 輸出接腳輸出 PWM 訊號控制 LED 亮度的電路與程式設計方法。

**功能** 利用 Arduino 提供 PWM 輸出接腳包括編號第 3、5、6、9、10 和 11 隻接腳，PWM 為脈波寬度調變，由脈波寬度佔用脈波總週期的比例(即工作週期 Duty cycle)來換算成等值的類比電壓如圖 6-2-1 所示，使用 analogWrite(接腳編號，PWM 數值)函數來設定有 PWM 輸出接腳的 PWM 輸出數值，PWM 數值為 8 位元範圍為 0～255 對應類比電壓 0～5V，可用 Tools->Serial Monitor 觀看 PWM 數值，本實驗的數位 PWM 輸出為第 9 隻數位接腳來完成 LED 亮度控制，為了使 LED 有較高的亮度，本電路利用外接電源加上限流電阻，來驅動 LED，當 Arduino 第 9 隻接腳設定為 LOW(低電位)時產生順偏使得 LED 亮，所以 PWM 數值與亮度相反，即 PWM 數值 255 表示 LED 不亮，從 PWM 數值慢慢減少，LED 會慢慢變亮，當 PWM 數值為 0 時 LED 最亮。開始時 PWM 數值從 255 遞減，LED 亮度會漸亮，每個 PWM 數值停留 0.05ms，共 255 數值約 12.8 秒 LED 從暗到亮，接著將 PWM 數值從 0 遞增到 255，控制 LED 亮度從亮到暗，如此循環下去。

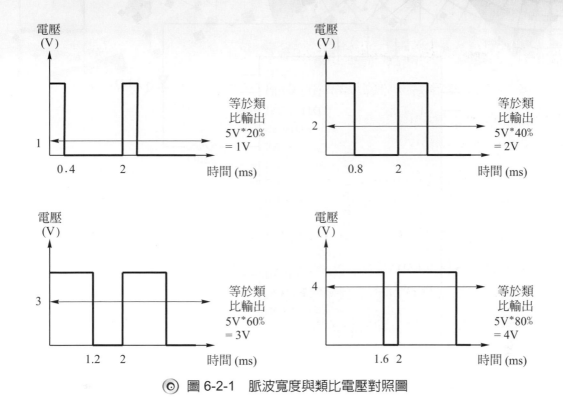

◎ 圖 6-2-1 　脈波寬度與類比電壓對照圖

原理 Arduino 第 9 隻接腳 PWM 輸出可用示波器觀察，為一個寬度變化，頻率固定在約 500Hz 的方波訊號，因電路圖 LED 亮度與 PWM 輸出訊號的寬度成反相，PWM 設定數值越大，PWM 寬度越寬，LED 越暗，反之 PWM 設定數值越小，PWM 寬度越窄，LED 越亮。

電路 Arduino 開發板上標示 PWM 記號的接腳，可用 analogWrite()函式輸出 PWM 的訊號，本實驗將紅色 LED 和電阻接在 DIO 9 腳如圖 6-2-2，可用數位數值來控制輸出訊號的寬度，進而控制 LED 的亮度。

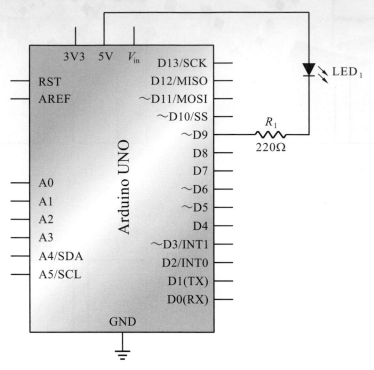

◎ 圖 6-2-2　PWM 控制 LED 亮度電路

元件

| 編號 | 元件項目 | 數量 | 元件名稱 |
|------|----------|------|----------|
| 1 | Arduino UNO | 1 | Arduino 開發板 |
| 2 | LED$_1$ | 1 | 紅色 LED |
| 3 | $R_1$ | 1 | 220 Ω 電阻 |

程式

pwm_led

| 行號 | 程式敘述 | 註解 |
|------|----------|------|
| 1 | `int led_pwm=9;` | //定義 PWM 輸出控制 LED 的接腳編號 |
| 2 | `int pwmVal = 255;` | //定義輸出 PWM 數值的變數 |
| 3 | `int bright_ctr = 0;` | //定義設定 PWM 數值的次數變數 |
| 4 | `int wait = 50` | //定義延遲時間變數 |
| 5 | `void led_dark(){` | //將 LED 熄滅副程式 |

| 6 | `digitalWrite(led_pwm,HIGH);` | //將 Arduino 第 9 隻接腳輸出 HIGH 來熄滅 LED 燈 |
|---|---|---|
| 7 | `delay(1000);` | //呼叫延遲函式等 1000 毫秒 |
| 8 | `}` | //結束 LED 熄滅副程式 |
| 9 | `void setup(){` | //只會執行一次的程式初始式數 |
| 10 | `  pinMode(led_pwm,OUTPUT);` | //規劃 LED 接腳為輸出模式 |
| 11 | `   led_dark();` | //呼叫 led_dark() 將 LED 熄滅 |
| 12 | `   Serial.begin(9600);` | //設定 RS232 埠傳輸率 9600 觀看 PWM 數值 |
| 13 | `}` | //結束 setup() 函式 |
| 14 | `void loop(){` | //永遠周而復始的主控制函式 |
| 15 | `   bright_ctr += 1;` | //使用計數器計數來順序設定 PWM 所有數值 |
| 16 | `   if ( bright_ctr < 256){` | //計數器數值在 0～255 為第一階段 |
| 17 | `    pwmVal  -= 1;` | //PWM 數值從 255 遞減到 0，PWM 訊號寬度 HIGH 時間遞減，LED 亮度會漸亮 |
| 18 | `   }` | //第一階段結束 |
| 19 | `  else if ( bright_ctr < 511){` | //計數器數值在 256～510 為第二階段 |
| 20 | `    pwmVal  += 1;` | //PWM 數值從 0 遞增到 255，PWM 訊號寬度 HIGH 時間遞增，LED 亮度會漸暗 |
| 21 | `    }` | //第二階段結束 |
| 22 | `  else {` | //計數器數值超過 510，一般在 511 時重置控制數值，讓下一次的 LED 控制和本次一樣 |
| 23 | `    bright_ctr = 0;` | //計數器數值重置為 0 |
| 24 | `    pwmVal=255;` | //PWM 控制數值重置為 255 |
| 25 | `    led_dark();` | //呼叫 led_dark() 將 LED 熄滅 |
| 26 | `  }` | //重置控制數值結束 |

| | | |
|---|---|---|
| 27 | `analogWrite(led_pwm, pwmVal);` | //寫入 pwmVal 數值控制 PWM 訊號寬度，進而控制 LED 亮度 |
| 28 | `Serial.print("PWM:" );` | //可用 Tools->Serial Monitor 觀看，在串列監視器顯示 PWM: |
| 29 | `Serial.print(pwmVal);` | //在串列監視器顯示 PWM 數值 |
| 30 | `Serial.print("\n");` | //在串列監視器跳行 |
| 31 | `delay(wait);` | //呼叫延遲副程式 delay(wait)，單位為毫秒(ms)，設定 wait=50 即延遲 0.05 秒 |
| 32 | `}` | //結束 loop()函式 |

說明 pwm_led.ino 是用 PWM 輸出訊號控制 LED 亮度的韌體程式。圖 6-2-3 是本程式的主要控制流程，一開始先讓 LED 熄滅，並設定 RS232 埠傳輸率 9600 觀看 PWM 數值，進入無窮迴圈後，第一階段設定 PWM 控制數值從 255 遞減到 0，LED 由暗慢慢變亮，因每一個 PWM 控制數值均延遲 50ms，所以第一階段需要時間 255*0.05 秒=12.75 秒；第二階段設定 PWM 控制數值從 0 遞增到 255，LED 由亮慢慢變暗，因每一個 PWM 控制數值均延遲 50ms，所以第二階段需要時間 255*0.05 秒=12.75 秒，計數器的數值大於 510，計數器數值重置計數器 bright_ctr 為 0 和 pwmVal 為 255，使程式回到第一階段，如此永遠周而復始的主控制函式使得 LED 一直重覆暗到亮，接著亮到暗。

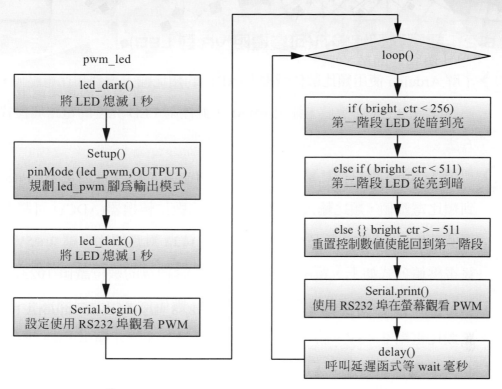

◎ 圖 6-2-3　pwm_led.ino 程式的主要控制流程圖

練習

1. 使用示波器量測 Arduino 發展板的第 9 隻接腳的 PWM 的波形，並和 Tools->Serial Monitor 觀看的 PWM 數值比較並繪出 PWM 數值所對應的示波器波形。

2. 請使用三色 LED 用 Arduino 發展板的三隻 PWM 接腳的波形，來產生 16 種顏色。

3. 請使用六顆 LED 用 Arduino 發展板的六隻 PWM 接腳的波形，來產生有拖曳效果的霹靂燈。

## 實驗 6-2　電壓轉類比輸入(可變電阻 VR 對 LED)

**目的** 了解 Arduino 使用類比數位轉換器(ADC)的類比輸入讀到類比電壓值,並轉換為控制的 PWM 數值,輸出 PWM 訊號控制 LED 亮度的電路與程式設計方法。

**功能** 利用 Arduino 提供類比輸入接腳包括編號 A0～A5 隻接腳的 A0 接腳來讀到類比電壓值,類比輸入接腳內部為類比數位轉換器(ADC),可將類比電壓值轉換為 10 位元數位值,範圍為 0～1023 對應類比電壓 0～5V,要計算電壓值公式如下,電壓值=(5V)*(ADC 轉換後的數位讀值/1023),可用 Tools->Serial Monitor 觀看電壓值,PWM 數值為 8 位元範圍為 0～255 對應類比電壓 0～5V,將 10 位元輸入數值轉為 8 位元輸出 PWM 數值需除 4,本實驗的數位 PWM 輸出為第 9 隻數位接腳來完成 LED 亮度控制,為了使 LED 有較高的亮度,本電路利用外接電源加上限流電阻,來驅動 LED,當 Arduino 第 9 隻接腳設定為 LOW(低電位)時產生順偏便得 LED 亮,所以 PWM 數值大小與 LED 亮度相反,即 PWM 數值 255 表示 LED 不亮,從 PWM 數值慢慢減少,LED 會慢慢變亮,當 PWM 數值為 0 時 LED 最亮。所以用 255(類比輸入數值/4),可讓類比電壓大小與 LED 亮度同步,電壓值較大 LED 較亮,相反的,電壓值較小 LED 較暗。

**原理** 類比電壓值可用三端點的可變電阻來產生,為了電壓變化值要多且避免負載效應,可變電阻選用可轉 30 轉,電阻值為 10kΩ,用小的一字螺絲起子來轉動可變電阻,可變電阻上下兩端接電源和地端,可變電阻中間端直接接到 Arduino 提供類比輸入接腳編號 A0,即能用 Arduino 內部的 ADC 轉換電壓值(0～5V)成數位讀值(0～1023),將 10 位元輸入數值轉為 8 位元輸出 PWM 數值,由數位 PWM 輸出為第 9 隻數位接腳來完成 LED 亮度控制。

電路 Arduino 開發板上的 A0 接到可變電阻的中間抽頭,可變電阻上下兩端接電源和地端,如此轉動可變電阻,就能讓 A0 量測到 0～5V 的類比電壓。Arduino 開發板上標示 PWM 記號的接腳,可用 analogWrite( ) 函式輸出 PWM 的訊號,本實驗將紅色 LED 和電阻接在 DIO 9 腳如圖 6-2-4,可用數位數值來控制輸出訊號的寬度,進而控制 LED 的亮度。

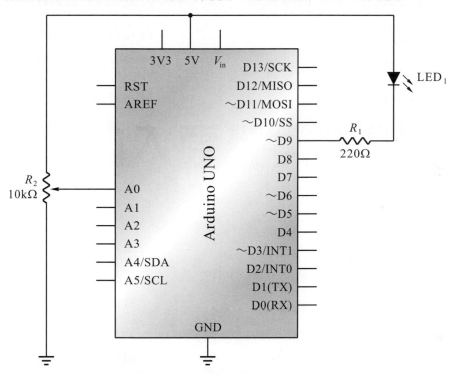

◎ 圖 6-2-4 電壓控制 LED 亮度電路

元件

| 編號 | 元件項目 | 數量 | 元件名稱 |
|------|----------|------|----------|
| 1 | Arduino UNO | 1 | Arduino 開發板 |
| 2 | $LED_1$ | 1 | 紅色 LED |
| 3 | $R_1$ | 1 | 220 Ω 電阻 |
| 4 | $R_2$ | 1 | 10 kΩ 可變電阻(30 轉) |

程式

analog_pwm

| 行號 | 程式敘述 | 註解 |
|---|---|---|
| 1 | int ledPin=9; | //定義PWM輸出控制LED的接腳編號 |
| 2 | int sensorValue = 0; | //定義類比輸入數值的變數 |
| 3 | int led_Value = 0; | //定義設定 PWM 數值變數 |
| 4 | float voltage =0 ; | //定義轉換為電壓值的變數 |
| 5 | void setup(){ | //只會執行一次的程式初始式數 |
| 6 | pinMode(ledPin,OUTPUT); | //規劃 LED 接腳為輸出模式 |
| 7 | Serial.begin(9600); | //設定RS232埠傳輸率9600觀看 PWM 數值 |
| 8 | } | //結束 setup()函式 |
| 9 | void loop(){ | //永遠周而復始的主控制函式 |
| 10 | sensorValue = analogRead(A0); | //讀類比輸入(A0)ADC轉換的數值到 sensorValue |
| 11 | led_Value = 255-sensorValue/4; | //將類比數值除4從10位元轉換為8位元，並用255來減，使數值大小相反，讓LED亮度可隨電壓高低來控制 |
| 12 | voltage = sensorValue * (5.0 / 1023.0); | //將類比讀值 (0 - 1023)轉換為電壓值(0 - 5V) |
| 13 | Serial.print("voltage=" ); | //可用 Tools->Serial Monitor 觀看，在串列監視器顯示 voltage= |
| 14 | Serial.print(voltage); | //在串列監視器顯示 voltage 電壓數值 |

| 15 | `Serial.print("\n");` | //在串列監視器跳行 |
|---|---|---|
| 16 | `analogWrite(ledPin,led_Value);` | //寫入 `led_Value` 數值控制 PWM 訊號寬度，進而控制 LED 亮度 |
| 17 | `delay(300);` | //呼叫延遲副程式 `delay()`，單位為毫秒(ms)，設定 300 即延遲 0.3 秒 |
| 18 | `}` | //結束 `loop()` 函式 |

說明 > analog_pwm.ino 是用類比輸入感測電壓變化來控制 PWM 輸出訊號，進而控制 LED 亮度的韌體程式。圖 6-2-5 是本程式的主要控制流程，一開始先設定 RS232 埠傳輸率 9600 觀看類比輸入感測的電壓數值，進入無窮迴圈後，讀取類比輸入感測的電壓數值，轉換為 PWM 控制數值，讓 LED 亮度可隨轉動可變電阻得到電壓高低變化，來控制 LED 亮度，如此永遠周而復始的主控制函式使得 LED 一直重覆可隨電壓高低來控制。

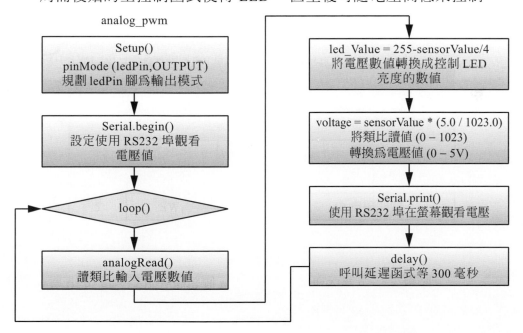

◎ 圖 6-2-5　analog_pwm.ino 程式的主要控制流程圖

練習

1. 使用三用電表量測 Arduino 發展板的 A0 接腳的電壓值，並和 Tools->Serial Monitor 觀看的電壓讀值比較，看是否有誤差，若有誤差，說明誤差造成的原因。

2. 請用可變電阻產生類比電壓值來控制三色 LED(用 Arduino 發展板的三隻 PWM 接腳的波形)，產生 256 種顏色。

3. 請用可變電阻產生類比電壓值來控制馬達轉速。

4. 請使用電阻網路(R-2R)數位轉類比轉換器(DAC)電路，設計 10 個按鍵輸入電路，由 ARDUINO 發展板的 A0 接腳讀 10 個按鍵輸入。

5. 請用可變電阻控制六顆 LED 用 Arduino 發展板的六隻 PWM 接腳的波形，來產生有可變化速度且有拖曳效果的霹靂燈。

## 實驗 6-3　溫度轉類比輸入(熱敏電阻 NTC/PTC 對 LED)

目的▸ 了解 Arduino 使用 ADC 的類比輸入讀到溫度變化的類比電壓值，並轉換為控制的 PWM 數值，輸出 PWM 訊號控制 LED 亮度的電路與程式設計方法。

功能▸ 利用可變電阻與熱敏電阻(NTC)串聯，若用 PTC 的熱敏電阻也可以產生隨溫度變化的類比電壓值，連接到 Arduino 的 A0 接腳來讀到類比電壓值，類比輸入接腳內部為 ADC，可將類比電壓值轉換為 10 位元數位值範圍為 0～1023 對應類比電壓 0～5V，計算電壓值公式如下，電壓值=(5V)*(ADC 轉換後的數位讀值/1023)，可用 Tools->Serial Monitor 觀看電壓值，熱敏電阻阻值 1kΩ 為室溫(25℃)時的電阻值，熱敏電阻(NTC)為負溫度係數，即溫度比室溫高 NTC 電阻值小於 1kΩ，溫度比室溫低 NTC 電阻值大於 1kΩ，一開始先用可變電阻調整類比電壓值到 2.5V，因環境溫度都會小於體溫(沒有也會吹冷氣)，只要用手拿著熱敏電阻加熱，熱敏電阻阻值就會變小，Arduino 的 A0 接腳讀到類比電壓值會變大，轉換為 PWM 數值來完成 LED 亮度控制，為了使 LED 有較高的亮度，本電路利用外接電源加上限流電阻，來驅動 LED，當 Arduino 第 9 隻接腳設定為 LOW(低電位)時產生順偏便得 LED 亮，所以 PWM 數值大小與 LED 亮度相反，即 PWM 數值 255 表示 LED 不亮，從 PWM 數值慢慢減少，LED 會慢慢變亮，當 PWM 數值為 0 時 LED 最亮。因 2.5V 的 PWM 數值為 128，且熱敏電阻在溫度變化範圍內變化太小，所以用乘 10 來放大 10 倍變化量，所以用 255-(128-類比輸入數值/4)*10，可讓手加熱 NTC 來使 LED 亮度同步增加，溫度越高 LED 越亮，相反的，溫度越低 LED 較暗。

原理▸ 可變電阻選用可轉 30 轉，電阻值為 10kΩ，用小的一字螺絲起子來轉動可變電阻，可變電阻上端接電源，下端浮接，中端串聯熱敏電阻到地端，可將熱敏電阻的電阻變化轉換成電壓變化，由可變電阻中間端得到，並直接接到 Arduino 提供類比輸入接腳編號 A0，即能用 Arduino 內部的 ADC 轉換電壓值(0～5V)成數位讀值(0～1023)，經過運算後轉成 PWM 控制數值，由數位 PWM 輸出為第 9 隻數位接腳來完成 LED 亮度控制。

電路　可變電阻上兩端接電源，並將熱敏電阻的一端和可變電阻的中間抽頭連接，熱敏電阻另一端和地端相連，Arduino 開發板上的 A0 接到可變電阻的中間抽頭，如此轉動可變電阻，就能讓 A0 量測到 0～5V 的類比電壓，因環境溫度不在 25℃時，熱敏電阻變化會有數千歐姆，可用可變電阻調到 A0 量測到類比電壓 2.5V 為參考點，再用手來加熱。開發板上標示 PWM 記號的接腳，可用 analogWrite( )函式輸出 PWM 的訊號，本實驗將紅色 LED 和電阻接在 DIO 9 腳如圖 6-2-6，可用數位數值來控制輸出訊號的寬度，進而控制 LED 的亮度。

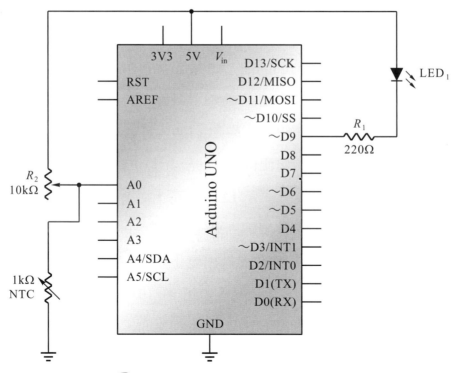

◎ 圖 6-2-6　溫度控制 LED 亮度電路

元件

| 編號 | 元件項目 | 數量 | 元件名稱 |
|---|---|---|---|
| 1 | Arduino UNO | 1 | Arduino 開發板 |
| 2 | LED$_1$ | 1 | 紅色 LED |
| 3 | $R_1$ | 1 | 220 Ω 電阻 |
| 4 | $R_2$ | 1 | 10kΩ 可變電阻(30 轉) |
| 5 | NTC | 1 | 1kΩ 熱敏電阻 |

程式

NTC_led

| 行號 | 程式敘述 | 註解 |
|---|---|---|
| 1 | int ledPin=9; | //定義 PWM 輸出控制 LED 的接腳編號 |
| 2 | int sensorValue = 0; | //定義類比輸入數值的變數 |
| 3 | int led_Value = 0; | //定義設定 PWM 數值變數 |
| 4 | float voltage =0 ; | //定義轉換為電壓值的變數 |
| 5 | void setup(){ | //只會執行一次的程式初始式數 |
| 6 | pinMode(ledPin,OUTPUT); | //規劃 LED 接腳為輸出模式 |
| 7 | Serial.begin(9600); | //設定 RS232 埠傳輸率 9600 觀看 PWM 數值 |
| 8 | } | //結束 setup() 函式 |
| 9 | void loop(){ | //永遠周而復始的主控制函式 |
| 10 | sensorValue = analogRead(A0); | //讀類比輸入(A0)ADC 轉換的數值到 sensorValue |
| 11 | voltage = sensorValue * (5.0 / 1023.0); | //將類比讀值 (0 - 1023)轉換為電壓值(0 - 5V) |
| 12 | if (voltage >2.5){ | //怕減出負值，所以電壓值最大設定成 2.5V |
| 13 | sensorValue=512; | //電壓值大於 2.5V，就設定為 2.5V(數值為 512) |

| 14 | `voltage=2.5;}` | //將開始電壓值設定成 2.5V |
|---|---|---|
| 15 | `led_Value =`<br>`255-(128-sensorValue/4)*10;` | //將類比數值除 4 從 10 位元轉換為 8 位元，128 表示 2.5V，因轉換為可分辨的 LED 亮度變化，所以乘 10 並用 255 來減，使數值大小相反，讓 LED 亮度可隨溫度高低來控制 |
| 16 | `Serial.print("voltage=" );` | //可用 Tools->Serial Monitor 觀看，在串列監視器顯示 voltage= |
| 17 | `Serial.print(voltage);` | //在串列監視器顯示 voltage 電壓數值 |
| 18 | `Serial.print("led_Value =" );` | //在串列監視器顯示 led_Value= |
| 19 | `Serial.print(led_Value);` | //在串列監視器顯示 led_Value 控制 LED 亮度的數值 |
| 20 | `Serial.print("\n");` | //在串列監視器跳行 |
| 21 | `analogWrite(ledPin,led_Value);` | //寫入 led_Value 數值控制 PWM 訊號寬度，進而控制 LED 亮度 |
| 22 | `delay(300);` | //呼叫延遲副程式 delay()，單位為毫秒(ms)，設定 300 即延遲 0.3 秒 |
| 23 | `}` | //結束 loop() 函式 |

說明 NTC_led.ino 是用熱敏電阻感測溫度變化來控制 PWM 輸出訊號，進而控制 LED 亮度的韌體程式。圖 6-2-7 是本程式的主要控制流程，一開始先設定 RS232 埠傳輸率 9600 觀看類比輸入感測的電壓數值，進入無窮迴圈後，讀取類比輸入感測的電壓數值，為熱敏電阻感測的環境溫度和可變

電阻分壓的結果，轉動可變電阻將電壓調整到 2.5V，再讓熱敏電阻感測的溫度值轉換為 PWM 控制數值，讓 LED 亮度可隨熱敏電阻感測的溫度值得到電壓高低變化，來控制 LED 亮度，如此永遠周而復始的主控制函式使得 LED 一直重覆可隨熱敏電阻感測的溫度值高低來控制。

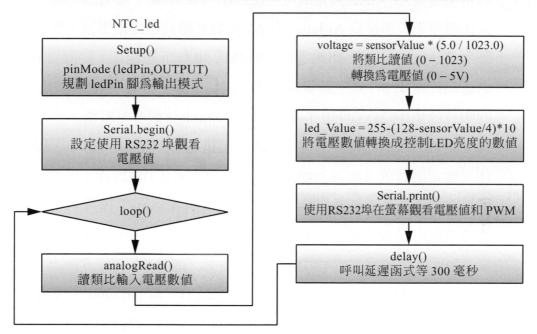

NTC_led

Setup()
pinMode (ledPin,OUTPUT)
規劃 ledPin 腳為輸出模式

Serial.begin()
設定使用 RS232 埠觀看
電壓值

loop()

analogRead()
讀類比輸入電壓數值

voltage = sensorValue * (5.0 / 1023.0)
將類比讀值 (0 – 1023)
轉換為電壓值 (0 – 5V)

led_Value = 255-(128-sensorValue/4)*10
將電壓數值轉換成控制LED亮度的數值

Serial.print()
使用RS232埠在螢幕觀看電壓值和 PWM

delay()
呼叫延遲函式等 300 毫秒

◎ 圖 6-2-7　NTC_led.ino 程式的主要控制流程圖

練習

1.　請用熱敏電阻與繼電器控制設計水溫度加熱到 70℃，自動斷電不加熱系統，而水溫慢慢降到 65℃再加熱，讓水溫維持在 65～70℃。

2.　請用熱敏電阻產生類比電壓值來控制馬達轉速。

3.　請用熱敏電阻控制六顆 LED 用 Arduino 發展板的六隻 PWM 接腳的波形，來產生有可變化速度且有拖曳效果的霹靂燈。

## 實驗 6-4　亮度轉類比輸入(光敏電阻 CDS 對 LED)

**目的** 了解 Arduino 使用 ADC 的類比輸入讀到光照度變化的類比電壓值,並轉換為控制的 PWM 數值,輸出 PWM 訊號控制 LED 亮度的電路與程式設計方法。

**功能** 利用可變電阻 10kΩ 與光敏電阻(CDS)10kΩ 串聯,產生隨光照度變化的類比電壓值,連接到 Arduino 的 A0 接腳來讀到類比電壓值,類比輸入接腳內部為 ADC,可將類比電壓值轉換為 10 位元數位值,範圍為 0～1023 對應類比電壓 0～5V,計算電壓值公式如下,電壓值=(5V)*(ADC 轉換後的數位讀值/1023),可用 Tools->Serial Monitor 觀看電壓值,光敏電阻阻值變化很大,當用檯燈的燈光靠近電阻值會降到比 1kΩ 還小,但用手遮住光敏電阻時就會超過 100kΩ,所以光敏電阻(CDS)為負光照度係數,一開始先用手遮住光敏電阻調整類比電壓值到 4.8V,用檯燈的燈光靠近,光敏電阻阻值就會變小,Arduino 的 A0 接腳讀到類比電壓值會變大,轉換為 PWM 數值來完成 LED 亮度控制,為了使 LED 有較高的亮度,本電路利用外接電源加上限流電阻,來驅動 LED,當 Arduino 第 9 隻接腳設定為 LOW(低電位)時產生順偏便得 LED 亮,所以 PWM 數值大小與 LED 亮度相反,即 PWM 數值 255 表示 LED 不亮,從 PWM 數值慢慢減少,LED 會慢慢變亮,當 PWM 數值為 0 時 LED 最亮。因 4.8V 的 PWM 數值為 245,而光敏電阻在檯燈燈光變化範圍內變化已足夠,所以用 255-(245-類比輸入數值/4),可讓檯燈燈光靠近 CDS 來使 LED 亮度同步增加,燈光越近 LED 越亮,相反的,燈光越遠 LED 較暗。

**原理** 可變電阻選用可轉 30 轉,電阻值為 10kΩ,用小的一字螺絲起子來轉動可變電阻,可變電阻上端接電源,下端浮接,中端串聯光敏電阻到地端,可將光敏電阻的電阻變化轉換成電壓變化,由可變電阻中間端得到,並直接接到 Arduino 提供類比輸入接腳編號 A0,即能用 Arduino 內部的 ADC 轉換電壓值(0～5V)成數位讀值(0～1023),經過運算後轉成 PWM 控制數值,由數位 PWM 輸出為第 9 隻數位接腳來完成 LED 亮度控制。

電路 可變電阻上兩端接電源，並將光敏電阻的一端和可變電阻的中間抽頭連接，熱敏電阻另一端和地端相連，Arduino 開發板上的 A0 接到可變電阻的中間抽頭，如此轉動可變電阻，就能讓 A0 量測到 0～5V 的類比電壓，一開始先用手遮住光敏電阻調整類比電壓值到 4.8V 為參考點，再用檯燈的燈光靠近。開發板上標示 PWM 記號的接腳，可用 analogWrite( ) 函式輸出 PWM 的訊號，本實驗將紅色 LED 和電阻接在 DIO 9 腳如圖 6-2-8，可用數位數值來控制輸出訊號的寬度，進而控制 LED 的亮度。

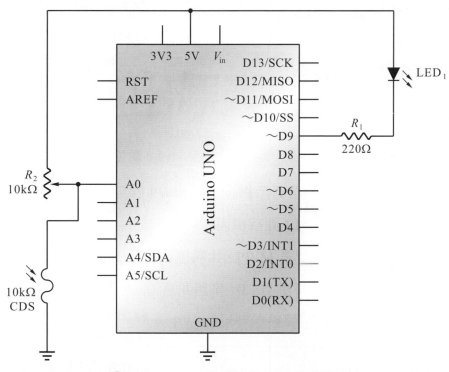

◎ 圖 6-2-8　光照度控制 LED 亮度電路

元件

| 編號 | 元件項目 | 數量 | 元件名稱 |
|------|----------|------|----------|
| 1 | Arduino UNO | 1 | Arduino 開發板 |
| 2 | $LED_1$ | 1 | 紅色 LED |
| 3 | $R_1$ | 1 | 220 Ω 電阻 |
| 4 | $R_2$ | 1 | 10kΩ 可變電阻(30 轉) |
| 5 | CDS | 1 | 10kΩ 光敏電阻 |

程式

CDS_led

| 行號 | 程式敘述 | 註解 |
|---|---|---|
| 1 | int ledPin=9; | //定義 PWM 輸出控制 LED 的接腳編號 |
| 2 | int sensorValue = 0; | //定義類比輸入數值的變數 |
| 3 | int led_Value = 0; | //定義設定 PWM 數值變數 |
| 4 | float voltage =0 ; | //定義轉換為電壓值的變數 |
| 5 | void setup(){ | //只會執行一次的程式初始式數 |
| 6 | pinMode(ledPin,OUTPUT); | //規劃 LED 接腳為輸出模式 |
| 7 | Serial.begin(9600); | //設定 RS232 埠傳輸率 9600 觀看 PWM 數值 |
| 8 | } | //結束 setup() 函式 |
| 9 | void loop(){ | //永遠周而復始的主控制函式 |
| 10 | sensorValue = analogRead(A0); | //讀類比輸入(A0)ADC 轉換的數值到 sensorValue |
| 11 | voltage = sensorValue * (5.0 / 1023.0); | //將類比讀值 (0 - 1023)轉換為電壓值(0 - 5V) |
| 12 | If (voltage >4.8){ | //怕減出負值，所以電壓值最大設定成 4.8V |
| 13 | sensorValue=980; | //電壓值大於 4.8V，就設定為 4.8V(數值為 980) |
| 14 | voltage=4.8;} | //開始遮住光敏電阻的電壓值設定成 4.8V |
| 15 | led_Value = 255-(245-sensorValue/4)*10; | //將類比數值除 4 從 10 位元轉換為 8 位元，245 表示 4.8V，用 255 來減，使數值大小相反，讓 LED 亮度可隨光照度高低來控制 |

| 16 | `Serial.print("voltage=" );` | //可用 Tools->Serial Monitor 觀看，在串列監視器顯示 voltage= |
|----|----|----|
| 17 | `Serial.print(voltage);` | //在串列監視器顯示 voltage 電壓數值 |
| 18 | `Serial.print("led_Value =" );` | //在串列監視器顯示 led_Value= |
| 19 | `Serial.print(led_Value);` | //在串列監視器顯示 led_Value 控制 LED 亮度的數值 |
| 20 | `Serial.print("\n");` | //在串列監視器跳行 |
| 21 | `analogWrite(ledPin,led_Value);` | //寫入 led_Value 數值控制 PWM 訊號寬度，進而控制 LED 亮度 |
| 22 | `delay(300);` | //呼叫延遲副程式 delay()，單位為毫秒(ms)，設定 300 即延遲 0.3 秒 |
| 23 | `}` | //結束 loop() 函式 |

說明　CDS_led.ino 是用光敏電阻感測溫度變化來控制 PWM 輸出訊號，進而控制 LED 亮度的韌體程式。圖 6-2-9 是本程式的主要控制流程，一開始先設定 RS232 埠傳輸率 9600 觀看類比輸入感測的電壓數值，進入無窮迴圈後，讀取類比輸入感測的電壓數值，為光敏電阻感測的環境光照度和可變電阻分壓的結果，轉動可變電阻將電壓調整到 4.8V，再讓光敏電阻被手遮住時感測的光照度值為 4.8V，再用檯燈光靠近光敏電阻轉換為 PWM 控制數值，讓 LED 亮度可隨光敏電阻感測的光照度值得到電壓高低變化，來控制 LED 亮度，如此永遠周而復始的主控制函式使得 LED 一直重覆可隨光敏電阻感測的光照度值高低來控制。

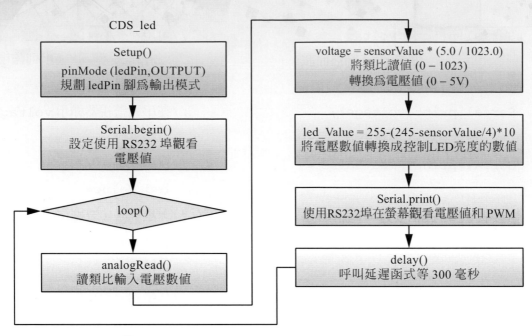

CDS_led

Setup()
pinMode (ledPin,OUTPUT)
規劃 ledPin 腳為輸出模式

↓

Serial.begin()
設定使用 RS232 埠觀看
電壓值

↓

loop()

↓

analogRead()
讀類比輸入電壓數值

voltage = sensorValue * (5.0 / 1023.0)
將類比讀值 (0 – 1023)
轉換為電壓值 (0 – 5V)

↓

led_Value = 255-(245-sensorValue/4)*10
將電壓數值轉換成控制LED亮度的數值

↓

Serial.print()
使用RS232埠在螢幕觀看電壓值和 PWM

↓

delay()
呼叫延遲函式等 300 毫秒

◎ 圖 6-2-9　CDS_led.ino 程式的主要控制流程圖

練習

1. 請用光敏電阻與繼電器控制設計夜晚或燈光暗時自動開燈系統。

2. 請用光敏電阻產生類比電壓值來控制馬達轉速。

3. 請用光敏電阻控制六顆 LED 用 Arduino 發展板的六隻 PWM 接腳的波形，
   來產生有可變化速度且有拖曳效果的霹靂燈。

## 本章習題

### 選擇題

( )1. 類比信號須經過何種轉換器,才能變成數位信號? (A)CAD (B)CAI (C)ADC (D)DAC。

( )2. 下列何者非數位信號的優點? (A)不易受雜訊干擾 (B)容易儲存及還原 (C)傳送速度快 (D)可精確表示原信號。

( )3. 電容上標記「105」其值為多少? (A)100pF (B)10nF (C)100nF (D)1000nF。

( )4. 碳膜電阻上標記「綠棕棕」其值為多少? (A)510Ω (B)5.1kΩ (C)500Ω (D)51Ω。

( )5. 量測訊號有白雜訊時,若要數位化無失真則要先用 (A)帶通濾波器 (B)陷波濾波器 (C)高通濾波器 (D)低通濾波器。

( )6. 請問 10 位元資料要對應成 6 位元資料要如何做? (A)除 4 (B)乘 4 (C)除 16 (D)乘 16。

( )7. 請問 10 位元無號整數資料的所表示範圍? (A)0～1023 (B)0～1024 (C)1～1024 (D)0～10。

( )8. 請問 8 位元資料來代表類比電壓 0～5V,其類比電壓的解析度為何? (A)1.6V (B)19.6mV (C)1mV (D)100mV。

( )9. 請問 10 位元資料來代表類比電壓 0～5V,則數位資料 532 代表類比電壓為何? (A)1.6V (B)2.6V (C)3.3V (D)4.5V。

( )10.下列哪一支接腳不能是 Arduino Uno 開發板的類比輸出接腳? (A)D3 (B)D9 (C)D12 (D)D6。

### 問答題

1. 請問光敏電阻用手遮住表面,使光敏電阻不會接收光時的電阻值為多少?

2. 請問 Arduino UNO 開發板的類比輸出接腳(PWM)為哪幾支接腳?

3. 請問在做類比轉數位訊號時,取樣頻率應大於類比訊號最大頻率多少,才不會失真,此頻率如何稱呼?

4. 請問 PWM 為振福 5V 的脈波調變訊號，Arduino UNO 開發板的 PWM 訊號頻率約為多少？PWM 的工作週期(Duty cycle)為 40%時，對應的類比電壓為多少？

5. 請問熱敏電阻 1kΩ 指示在溫度幾度時的電阻值？

6. 負溫度係數的熱敏電阻表示溫度升高，電阻值會如何改變？

7. 正溫度係數的熱敏電阻表示溫度升高，電阻值會如何改變？

8. 請問光敏電阻在亮度變亮的環境，電阻值會如何改變？

## 實作題

1. 利用 Arduino 類筆輸入埠，並用三個七段顯示器完成三位數字的三用電表。

2. 利用 Arduino 類筆輸入埠與熱敏電阻，並用三個七段顯示器完成體溫計。

3. 利用 Arduino 類筆輸入埠與光敏電阻，並用三個七段顯示器完成光度量測器。

# 7

# 串列通信原理與基本實驗

　　串列通信是微控制器經常需要用到的重要功能，因此本章的第一節將簡介串列通信介面的基本概念；第二節將以微控制器的 TXRX 腳位配合硬體的串列通訊物件 (Serial) 來進行串列通信實驗；第三節會介紹軟體的串列通訊物件 (SoftwareSerial) 的使用方式；第四節將介紹更高階易用的串列通訊物件 EasyTransfer。

## 7-1 串列通訊介面介紹

串列通訊介面(Serial Communication Interface)是單晶片微控制器與其他微控制器、微電腦系統或智慧型儀器之間最常見的通訊介面。舉凡一般電腦常用的 RS-232 和工業控制電腦常用的 RS-422 與 RS-485 均屬串列通訊介面，甚至高速電腦周邊裝置所用的 USB 與 SATA 也是屬於串列通訊介面。顧名思義串列通訊傳輸資料時一次僅送出一個位元，並以成串相續的串列方式來傳送所有資料位元。相對的，並列通訊介面則採多個位元平行傳送的方式來加速傳送，例如一般電腦常用的 PCI 介面和自動量測儀器常用的 GPIB/IEEE-488 介面即屬並列通訊介面。

串列通訊只需要接收用(RX)和傳送用(TX)的兩條信號線，因此通訊介面的實體導線相當單純。微控制器為能支援常用的串列通訊介面，通常在其內部的周邊單元都設計有可規劃的通用非同步通訊介面(Universal Asynchronous Receiver Transmitter，UART)。UART 經由 TX/RX 兩線與另一個 UART 進行串列通訊時，可能受到外圍電磁場干擾而使所傳送的資料位元值偶而發生由 0 變 1 或 1 變 0 的錯誤。為確保資料位元傳輸後與傳輸前的一致性，通常需要在實體層設定錯誤偵測協定，以檢測所傳輸的多個資料位元值的正確性。

UART 實體層協定是透過設定串列通訊埠的參數，一般設定參數為(傳送鮑率、起始位元、資料位元、同位檢查、停止位元、流量控制)。例如串列通訊設定參數為(9600、1、8、偶、2、無)的傳送位元時序如圖 7-1-1 所示，圖中每個位元的時間長度是 1/9600 秒、1 個起始位元(值通常是 0)、資料位元長度是 8 個位元、採用 1 個位元的偶同位檢查、採用 2 個位元的停止位元(值通常是 1)、無流量控制功能。

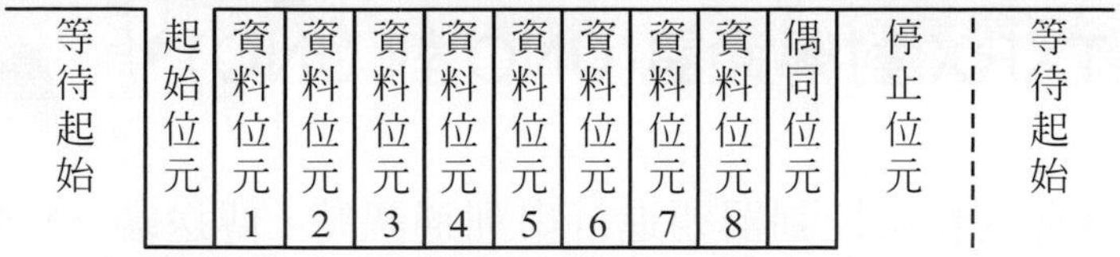

| 等待起始 | 起始位元 | 資料位元1 | 資料位元2 | 資料位元3 | 資料位元4 | 資料位元5 | 資料位元6 | 資料位元7 | 資料位元8 | 偶同位位元 | 停止位元 | 等待起始 |
|---|---|---|---|---|---|---|---|---|---|---|---|---|

◎ 圖 7-1-1　串列通訊設定參數的傳送位元時序關係

　　圖 7-1-1 描述 UART 的 TX 腳位一開始處於閒置等待狀態「1」，當 UART 有資料要傳送時，TX 腳位變為起始位元「0」以表示即將傳送資料位元，接下來連續傳送 8 個資料位元，接著是偶同位檢查位元，偶同位位元係檢查 8 個資料位元加上此同位位元總共有偶數個「1」，接著是 2 個「1」的停止位元，完成 1 個位元組的資料傳送之後，TX 腳位又維持在閒置等待狀態「1」，直到下次資料傳送時再周而復始重複上述程序。

　　UART 常見的鮑率有 9600、19200、38400、57600、115200 等。串列通訊兩端所設定的參數必須相同，雙方才能正確的通訊。同時要留意鮑率越高，錯誤率同常會隨之升高，因此，傳送距離、雜訊干擾、傳輸鮑率以及隔離措施應該要一併加以考量，才能獲致合理的串列通訊效能。在大部分的 Arduino 實驗與應用中，9600 鮑率是很典型的設定值。

## 7-2 TXRX 對傳通訊(UNO 對 UNO)

　　圖 7-2-1 描述當兩顆微控制器要進行串列通訊時，傳送端 TX 腳位所送出的串列位元必須對應到接收端的 RX 腳位，以正確依序接收此串列位元。同理，接收端需要回覆所接收的內容是否正確時，則由接收端的 TX 腳位送出要回覆的資料，這條線也必須對應到傳送端的 RX 腳位，以正確依序接收此回覆的資料。兩顆微控制器透過一往一來的交談方式，可以完成雙向資料的對傳通訊。當然前提是兩顆微控制器所設定的串列通訊介面參數必須相同，尤其是鮑率。

　　Arduino UNO 開發板上微控制器的串列通訊腳位編號為數位輸出入(DIO)腳 1(TX→1)和 DIO 腳 0(RX→0)，詳如圖 7-2-2 右下角圓圈指標①所示。Arduino 內建通訊物件 Serial 即是使用 DIO 腳 1 和 DIO 腳 0 來作為 TX 和 RX。此外，這兩條線也內接到 USB 晶片，因此微控制器可透過 USB 連接線以及 USB 轉 COM 埠的驅動程式來和 Arduino IDE 通訊，第二章第四節 Arduino IDE 程式開發範例中所介紹的序列埠監看視窗內顯示的內容，即是微控制器韌體以 Serial.println( )函式透過上述 TXRX 串列通訊介面送入 Arduino IDE 而加以顯示的。

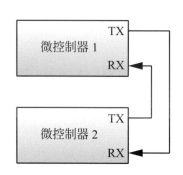

◎ 圖 7-2-1　兩顆微控制器的串列通訊腳位對應關係

◎ 圖 7-2-2　Arduino UNO 開發板的串列通訊腳位

## 實驗 7-1　Arduino UNO 對 Arduino UNO 以 TXRX 對傳通訊

目的 ▶ 利用 Arduino UNO 開發板上的數位輸出入(DIO)腳，並配合 Serial 通訊物件，來進行 TXRX 串列通訊實習。

功能 ▶ 使用兩個 Arduino UNO 開發板(L_Uno 板和 R_Uno 板)的 TXRX 來作為微控制器之間的串列通訊介面；並使用 Arduino 內建串列通訊物件 Serial 的 read( )和 write( )[或 print( )或 println( )]函式來進行雙向資料傳輸。

原理 ▶ L_Uno 開發板和 R_Uno 開發板的 TXRX 信號準位：0V 代表邏輯「0」、5V 代表邏輯「1」。數位輸出入(DIO)腳具有極高輸入阻抗與極低輸出阻抗，因此 TX 對 RX 的可以用單心線直接連接即可。

注意：Serial.write( )函式是輸出變數的二進值內容，Serial.print( )是輸出變數內容的 ASCII 值，例如宣告 int qty=64，

❋　Serial.write(qty)；=>輸出結果為字串"@"，因為 qty 的二進值內容(01000000)的十進值就是 64，而 64 正是"@"的 ASCII 值。

❋　Serial.print(qty)；=>輸出結果為字串"64"，因為 print( )會將 qty 的十進值的每一位數字轉成其 ASCII 值再輸出。

假使所輸出變數是字串型態，那麼使用 Serial.write( )或 Serial.print( )就沒有差別了。此外，Serial.println( )函式輸出時，會在輸出資料的尾端自動接上歸位換行控制字元(\r\n 或 CRLF)，Serial.write( )和 Serial.print( )就沒有這項功能。

電路 ▶ L_Uno 板和 R_Uno 板的 TXRX 接線如圖 7-2-3，圖中①所指到的 L 標示處為開發板上的表面黏著 LED 燈，此 LED 已內接上 DIO 13 腳，因此控制程式中只要利用 digitalWrite( )函式輸出高或低準位電壓到 DIO 13 腳，即可控制此 LED 的亮滅。

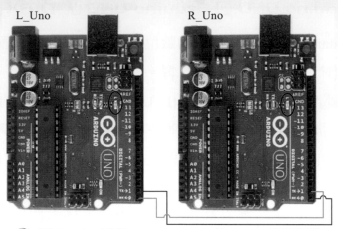

◎ 圖 7-2-3　兩個 Arduino UNO 的 Serial 通訊電路

元件

| 編號 | 元件項目 | 數量 | 元件名稱 |
|---|---|---|---|
| 1 | Arduino UNO | 2 | Arduino 開發板 |
| 2 | USB 連接線 | 1 | 一端 A 型接頭(接 PC)<br>一端 B 型接頭(接 UNO) |

程式

### L_Uno_TXRX

| 行號 | 程式敘述 | 註解 |
|---|---|---|
| 1 | //L_Uno_TXRX | //L_Uno 板上的串列通訊程式 |
| 2 | int LED_Pin=13; | //宣告 DIO 13 腳位為 LED 腳 |
| 3 | void setup(){ | //只會執行一次的程式初始式數 |
| 4 | pinMode(LED_Pin,OUTPUT); | //規劃 LED 腳為輸出模式 |
| 5 | Serial.begin(9600); | //將串列埠通訊鮑率設為 9600bps |
| 6 | } | //結束 setup()函式 |
| 7 | void loop(){ | //永遠周而復始的主控制函式 |
| 8 | Serial.write('Y'); | //命令串列埠輸出字元'Y'，以觸發 R_Uno 板上的 LED 閃爍 |

| 9 | while(!Serial.available()){} | //等待串列埠接收到資料才會執行下一行 |
|---|---|---|
| 10 | if(Serial.read()=='Y'){ | //判斷接收到的資料是否為字元'Y' |
| 11 | LED_blink(); LED_blink(); | //如果是則呼叫 LED 閃爍函式 2 次 |
| 12 | } | //結束 if 判斷 |
| 13 | } | //結束 loop() 函式 |
| 14 | void LED_blink(){ | //使用者自訂的 LED 閃爍函式 |
| 15 | digitalWrite(LED_pin,HIGH); | //呼叫數位輸出函式使 LED 腳為 5V |
| 16 | delay(200); | //呼叫延遲函式等 200 毫秒 |
| 17 | digitalWrite(LED_pin,LOW); | //呼叫數位輸出函式使 LED 腳為 0V |
| 18 | delay(200); | //呼叫延遲函式等 200 毫秒 |
| 19 | } | //結束 LED_blink() 函式 |

R_Uno_TXRX

| 行號 | 程式敘述 | 註解 |
|---|---|---|
| 1 | //R_Uno_TXRX | //R_Uno 板上的串列通訊程式 |
| 2 | int LED_Pin-13; | //宣告 DIO 13 腳位為 LED 腳 |
| 3 | void setup(){ | //只會執行一次的程式初始式數 |
| 4 | pinMode(LED_Pin,OUTPUT); | //規劃 LED 腳為輸出模式 |
| 5 | Serial.begin(9600); | //將串列埠通訊鮑率設為 9600bps |
| 6 | } | //結束 setup() 函式 |
| 7 | void loop(){ | //永遠周而復始的主控制函式 |
| 8 | while(!Serial.available()){} | //等待串列埠接收到資料才會執行下一行 |
| 9 | if(Serial.read()=='Y'){ | //判斷接收到的資料是否為字元'Y' |
| 10 | LED_blink(); LED_blink(); | //如果是則呼叫 LED 閃爍函式 2 次 |
| 11 | } | //結束 if 判斷 |

| 12 | `Serial.write('Y');` | //命令串列埠輸出字元'Y'，以觸發 L_Uno 板上的 LED 閃爍 |
| 13 | `}` | //結束 loop() 函式 |
| 14 | `void LED_blink(){` | //使用者自訂的 LED 閃爍函式 |
| 15 | `digitalWrite(LED_pin,HIGH);` | //呼叫數位輸出函式使 LED 腳為 5V |
| 16 | `delay(200);` | //呼叫延遲函式等 200 毫秒 |
| 17 | `digitalWrite(LED_pin,LOW);` | //呼叫數位輸出函式使 LED 腳為 0V |
| 18 | `delay(200);` | //呼叫延遲函式等 200 毫秒 |
| 19 | `}` | //結束 LED_blink() 函式 |

說明 L_Uno_TXRX.ino 是左側開發板 L_Uno 的控制韌體程式，

R_Uno_TXRX.ino 是右側的控制韌體程式。圖 7-2-4 是兩個程式通訊的主要控制流程，一開始 R_Uno_TXRX 先等候 L_Uno_TXRX 的通知，Serial.available( )函式是用以檢查 RX 是否有收到任何字元資料，Serial.read( )函式才會真正讀入收到的字元，當 R_Uno_TXRX 判斷收到的是字元'Y'的通知，隨即控制 LED 亮滅各 2 次，接著 R_Uno_TXRX 送出字元'Y'的通知給 L_Uno_TXRX。L_Uno_TXRX 在一開始先送出字元'Y'的通知給 R_Uno_TXRX 之後，隨即等候 R_Uno_TXRX 的通知，同理，L_Uno_TXRX 使用 Serial.available( )判斷是否有收到任何字元，再以 Serial.read( )讀入收到的字元，如果收到的是字元'Y'則控制 LED 亮滅各 2 次。雙方的控制程式是寫在永遠周而復始的主控制函式 Loop( )中，所以左右 Uno 板會持續地交互通知並交互控制 LED 亮滅各 2 次。

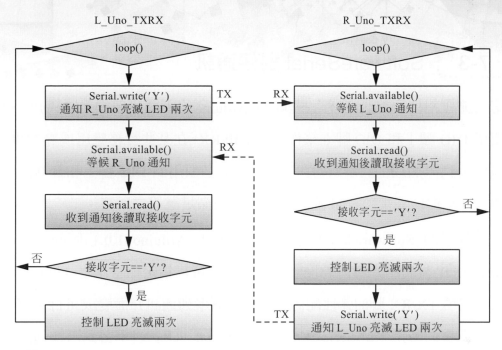

◎ 圖 7-2-4　L_UNO_TXRX 和 LR_UNO_TXRX 通訊程式的主要控制流程圖

練習　只使用 R_Uno 開發板，並使用接在 R_Uno 的 PC 上的 Arduino IDE 序列
埠監看視窗來代替 L_Uno_TXRX 的角色，以便和 R_Uno_TXRX 程式通
訊。如圖 7-2-5，在 R_Uno 的序列埠監看視窗上方的輸入欄位中鍵入'Y'
或其他字元，並按下送出按鈕，觀察 R_Uno 的 LED 有何動作。

◎ 圖 7-2-5　R_Uno 的序列埠監看視窗

## 7-3　SoftwareSerial 對傳通訊

　　第二節 TXRX 串列通訊程式是呼叫 Arduino 內建的 Serial 通訊物件，Serial 固定使用 DIO 腳 1 和 DIO 腳 0 來作為 TX 和 RX。在某些實務應用或專題實作時，可能需要用到一個以上的串列通訊介面，因此必須用到 DIO 腳 1 和腳 0 以外的接腳來作為 TX/RX，這時 Serial 通訊物件就無法滿足應用之所需。

　　自由軟體的 SoftwareSerial 通訊物件已納入 Arduino 1.0.1 版的函式庫中，SoftwareSerial 具有中斷導向的接收功能，並且可以指定任意兩隻 DIO 腳來作為 TX/RX，這項 TX/RX 腳的彈性配置，使得多個串列通訊介面變成可行。這一節的實驗程式將會同時使用到 Serial 和 SoftwareSerial，讀者將學習到兩種通訊物件用法的差異處。

## 實驗 7-2　SoftSerial 對傳通訊(UNO SoftwareSeial 對 UNO Serial)

目的 利用 Arduino UNO 開發板上的數位輸出入(DIO)腳，並配合 Serial 和 SoftwareSerial 通訊物件，來進行 TXRX 串列通訊實習。

功能 使用兩個 Arduino UNO 開發板(L_Uno 板和 R_Uno 板)的 TXRX 來作為微控制器之間的串列通訊介面；並使用 Arduino 內建串列通訊物件 Serial 和 SoftwareSerial 通訊物件的 read( )和 write( )[或 print( )或 println( )]函式來進行雙向資料傳輸。

原理 L_Uno_TXRX.ino 使用 Serial 固定配置的 DIO 腳 1(TX)和 DIO 腳 0(RX)來和 PC 上的 Arduino IDE 的序列埠監看視窗進行通訊，L_Uno 板收到監看視窗所鍵入的'Y'字元後，會使用 SoftwareSerial 彈性配置的 DIO 腳 3(TX)，將所收到的'Y'字元傳送給 R_Uno 板。R_Uno_TXRX.ino 使用和實驗 7-1 相同的程式，在收到'Y'字元後會控制 LED 亮滅 2 次，然後再將'Y'字元傳回給 L_Uno 板的 DIO 腳 2(RX)。同樣地，L_Uno_TXRX.ino 程式在收到'Y'字元後會控制 LED 亮滅 2 次，然後再將'Y'字元傳回給 Arduino IDE 的序列埠監看視窗並加以顯示。

電路 L_Uno 板和 R_Uno 板的 TXRX 接線如圖 7-3-1。請留意：L_Uno_TXRX 的 SoftwareSerial 指定 DIO 2,3 作為 RXTX，而 R_Uno_TXRX 仍使用 Serial 固定配置的 DIO 0,1 作為 RXTX。L_Uno_TXRX 則使用 Serial 固定配置的 DIO 0,1 作為 RXTX 來和 PC 上 Arduino IDE 的序列埠監看視窗進行通訊。

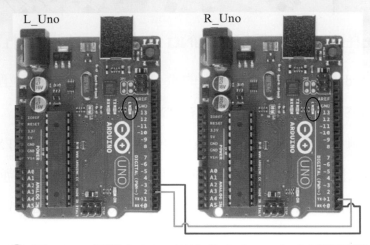

◎ 圖 7-3-1　兩個 Arduino UNO 的 SoftwareSerial 通訊電路

元件

| 編號 | 元件項目 | 數量 | 元件名稱 |
|------|---------|------|---------|
| 1 | Arduino UNO | 2 | Arduino 開發板 |
| 2 | USB 連接線 | 1 | 一端 A 型接頭(接 PC)<br>一端 B 型接頭(接 UNO) |

程式

### L_Uno_TXRX

| 行號 | 程式敘述 | 註解 |
|------|---------|------|
| 1 | //L_Uno_TXRX | //L_Uno 板上的串列通訊程式 |
| 2 | #include <SoftwareSerial.h> | //加入 SoftwareSerial 函式庫標頭檔 |
| 3 | SoftwareSerial mySerial(2,3); | //宣告 mySerial 變數並指定 RX,TX 腳位 |
| 4 | int LED_Pin=13; | //宣告 DIO 13 腳位為 LED 腳 |
| 5 | void setup(){ | //只會執行一次的程式初始式數 |
| 6 | pinMode(LED_Pin,OUTPUT); | //規劃 LED 腳為輸出模式 |
| 7 | Serial.begin(9600); | //將 Serial 通訊鮑率設為 9600bps |
| 8 | mySerial.begin(9600); | //將 SoftwareSerial 通訊鮑率設為 9600bps |

| 9 | `}` | //結束 setup() 函式 |
|---|---|---|
| 10 | `void loop(){` | //永遠周而復始的主控制函式 |
| 11 | `while(!Serial.available()){}` | //等收到監看視窗的字元才會執行下一行 |
| 12 | `mySerial.write(Serial.read());` | //讀取 Serial 接收的字元並轉送給 R_Uno |
| 13 | `while(!mySerial.available()){}` | //等待收到 R_Uno 的回報才會執行下一行 |
| 14 | `if(mySerial.read()=='Y'){` | //判斷接收到的資料是否為字元'Y' |
| 15 | `LED_blink(); LED_blink();` | //如果是則呼叫 LED 閃爍函式 2 次 |
| 16 | `Serial.println("Yes,Sir.");` | //回報到監看視窗 |
| 17 | `}` | //結束 if 判斷 |
| 18 | `}` | //結束 loop() 函式 |
| 19 | `void LED_blink(){` | //使用者自訂的 LED 閃爍函式 |
| 20 | `digitalWrite(LED_pin,HIGH);` | //呼叫數位輸出函式使 LED 腳為 5V |
| 21 | `delay(200);` | //呼叫延遲函式等 200 毫秒 |
| 22 | `digitalWrite(LED_pin,LOW);` | //呼叫數位輸出函式使 LED 腳為 0V |
| 23 | `delay(200);` | //呼叫延遲函式等 200 毫秒 |
| 24 | `}` | //結束 LED_blink() 函式 |

R_Uno_TXRX

| 行號 | 程式敘述 | 註解 |
|---|---|---|
| 1 | `//R_Uno_TXRX` | //R_Uno 板上的串列通訊程式 |
| 2 | `int LED_Pin=13;` | //宣告 DIO 13 腳位為 LED 腳 |
| 3 | `void setup(){` | //只會執行一次的程式初始式數 |
| 4 | `pinMode(LED_Pin,OUTPUT);` | //規劃 LED 腳為輸出模式 |
| 5 | `Serial.begin(9600);` | //將串列埠通訊鮑率設為 9600bps |

```
6      }                              //結束 setup() 函式
7      void loop(){                   //永遠周而復始的主控制函式
8      while(!Serial.available()){}   //等待串列埠接收到資料才會執行下一行
9        if(Serial.read()=='Y'){      //判斷接收到的資料是否為字元'Y'
10         LED_blink(); LED_blink();  //如果是則呼叫 LED 閃爍函式 2 次
11       }                            //結束 if 判斷
12       Serial.write('Y');           //命令串列埠輸出字元'Y',以觸發 L_Uno
                                        板上的 LED 閃爍
13     }                              //結束 loop() 函式
14     void LED_blink(){              //使用者自訂的 LED 閃爍函式
15     digitalWrite(LED_pin,HIGH);    //呼叫數位輸出函式使 LED 腳為 5V
16     delay(200);                    //呼叫延遲函式等 200 毫秒
17     digitalWrite(LED_pin,LOW);     //呼叫數位輸出函式使 LED 腳為 0V
18     delay(200);                    //呼叫延遲函式等 200 毫秒
19     }                              //結束 LED_blink() 函式
```

說明 L_Uno_TXRX.ino 是左側開發板 L_Uno 的控制韌體程式，

R_Uno_TXRX.ino 是右側的控制韌體程式。圖 7-3-2 是兩個程式通訊的主要控制流程，一開始 R_Uno_TXRX 先等候 L_Uno_TXRX 的通知，Serial.available( )函式是用以檢查 RX 是否有收到任何字元資料，如果有，Serial.read( )函式才會真正讀入收到的字元，當 R_Uno_TXRX 判斷收到的是字元'Y'的通知，隨即控制 LED 亮滅各 2 次，如果收到字元不是'Y'則 LED 不會有亮滅動作，接著 R_Uno_TXRX 都會送出字元'Y'的給 L_Uno_TXRX。

L_Uno_TXRX 在一開始先呼叫 Serial.available( )以等待來自 L_Uno 所接 PC 上 Arduino IDE 序列埠監看視窗所鍵入的任何字元，並轉送所收到的字元給 R_Uno_TXRX，隨即使用 SoftwareSerial.available( )判斷是否有收到來自 R_Uno_TXRX 的回報，再以 SoftwareSerial.read( )讀入收到的字元，如果收到的是字元'Y'則控制 LED 亮滅各 2 次，之後回報 "Yes,Sir." 給監看視窗。

雙方的控制程式是寫在主控制函式 Loop( )中，所以每次 L_ Uno 板都會先等監看視窗的鍵入字元，接著轉送至 R_Uno，R_Uno 控制完畢後會回報'Y'給 L_ Uno，L_Uno 控制完畢後會回報 "Yes,Sir."至 Arduino IDE 序列埠監看視窗。如此，周而復始的重複上述動作。

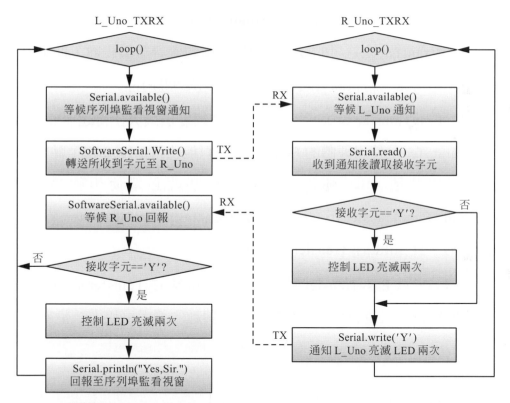

◎ 圖 7-3-2　SoftwareSerial 版本通訊程式的主要控制流程圖

練習 使用兩塊 Uno 開發板，並以接在 R_Uno 的 PC 上 Arduino IDE 序列埠監看視窗來下 LED 亮滅次數的命令，當下命令亮滅 N 次時，R_Uno 的 LED 先亮滅 N 次，接著 L_Uno 的 LED 再亮滅 N 次，最後由 R_Uno 回報" OK "至 R_Uno 的序列埠監看視窗。

## 7-4 EasyTransfer 對傳通訊

　　前兩節的對傳通訊實驗中，不論使用的是 Serial 或者 SoftwareSerial 通訊物件的 write( )、print( )、println( )函式來傳送資料，一次都只能傳送一個變數資料。假使有多個變數資料要傳送，那麼傳送方得逐一傳送，接收方也得依序逐一接收，這樣的傳輸方式顯然很不方便，因為程式硬寫入依序傳收變數的作法(通訊協定)，不但冗長而且將來增減傳收變數數量時缺乏彈性。

　　為了解決上述需求，Bill Porter 為 Arduino 社群設計了一套 EasyTransfer 函式庫。使用 EasyTransfer 來通訊的雙方要使用相同的資料結構變數，即可方便的傳收資料，而不必再處理通訊協定問題(傳收變數對應順序)。

　　請注意：EasyTransfer 函式所支援的資料結構變數最大不得超過 255 Bytes，此外，EasyTransfer 是使用硬體的 Serial，因此只能使用 DIO 0 和 1 腳位來通訊，如果必須使用其他 DIO 腳位來通訊，那麼就必須使用軟體的串列埠 SoftwareSerial，EasyTransfer 不支援 SoftwareSerial，為此，Bill Porter 又為 Arduino 社群設計了另一套 SoftEasyTransfer 函式庫。

　　本節實驗只會以 EasyTransfer 為例來通訊，SoftEasyTransfer 的函式庫與範例程式在本章的範例程式資料夾中可以找到，有興趣的讀者可以進一步參閱。

### 實驗 7-3　EasyTransfer 對傳通訊(UNO Serial 對 UNO Serial)

目的 利用 Arduino UNO 開發板上的數位輸出入(DIO)腳，並配合 EasyTransfer 和 Serial 通訊物件，來進行資料數量較多的串列通訊實習。

功能 使用兩個 Arduino UNO 開發板(TX_Uno 板和 RX_Uno 板)的 TXRX 來作為微控制器之間的串列通訊介面；並使用 Arduino 內建串列通訊物件 Serial 和 EasyTransfer 通訊物件的 sendData( )和 receiveData( )函式來進行單向的資料傳輸。

原理 TX_Uno 板上的 EasyTransfer_TX.ino 使用 Serial 固定配置的 DIO 腳 1(TX) 和 DIO 腳 0(RX)來和 RX_Uno 板上的 EasyTransfer_RX.ino 通訊，當然 EasyTransfer_RX.ino 也是使用 Serial 固定配置的 DIO 腳 1(TX)和 DIO 腳 0(RX)來接收資料。所傳送的資料結構變數內有兩項資料，第一項是 LED 亮滅次數，第二項是亮滅持續的毫秒數。RX_Uno 使用這兩項變數值來控制接在 DIO 13 腳上內建 LED 的亮滅動作。

電路 TX_Uno 板和 RX_Uno 板的 TXRX 接線如圖 7-4-1。EasyTransfer_TX.ino 和 EasyTransfer_RX.ino 都是使用 Serial 固定配置的 DIO 0,1 作為 RXTX。

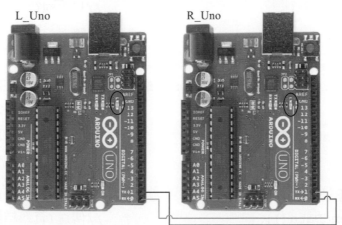

◎ 圖 7-4-1　兩個 Arduino UNO 的 Serial 通訊電路

元件

| 編號 | 元件項目 | 數量 | 元件名稱 |
|------|----------|------|----------|
| 1 | Arduino UNO | 2 | Arduino 開發板 |
| 2 | USB 連接線 | 2 | 一端 A 型接頭(接 PC)<br>一端 B 型接頭(接 UNO) |

程式

## EasyTransfer_TX.ino

| 行號 | 程式敘述 | 註解 |
|------|----------|------|
| 1 | `//EasyTransfer_TX` | //TX_Uno 板上的串列通訊程式 |
| 2 | `#include <EasyTransfer.h>` | //加入 EasyTransfer 函式庫標頭檔 |
| 3 | `EasyTransfer etTX;` | //宣告 EasyTransfer 型別的 etTX 變數 |
| 4 | `struct DS{` | //宣告 DS 資料結構 |
| 5 | `  int count;` | //宣告 LED 閃爍次數的變數 |
| 6 | `  int ms;` | //宣告 LED 亮滅持續時間的變數 |
| 7 | `};` | |
| 8 | `DS dsTX;` | //宣告要傳送的(資料結構)變數 |
| 9 | `void setup(){` | //只會執行一次的程式初始式數 |
| 10 | `  Serial.begin(9600);` | //將 Serial 通訊鮑率設為 9600bps |
| 11 | `  etTX.begin(details(dsTX),&Serial);` | //設定 etTX 的要傳送的變數和串列埠 |
| 12 | `  dsTX.count=2; dsTX.ms=500;` | //變數值初始設定 |
| 9 | `}` | //結束 setup() 函式 |
| 10 | `void loop(){` | //永遠周而復始的主控制函式 |
| 11 | `  etTX.sendData();` | //傳送(資料結構)變數 |
| 12 | `  delay(10000);` | //等候 10 秒 |
| 13 | `}` | //結束 loop() 函式 |

EasyTransfer_RX.ino

| 行號 | 程式敘述 | 註解 |
|---|---|---|
| 1 | //EasyTransfer_RX | //RX_Uno 板上的串列通訊程式 |
| 2 | #include <EasyTransfer.h> | //加入 EasyTransfer 函式庫標頭檔 |
| 3 | EasyTransfer etRX; | //宣告 EasyTransfer 型別的 etRX 變數 |
| 4 | struct DS{ | //宣告 DS 資料結構 |
| 5 | int count; | //宣告 LED 閃爍次數的變數 |
| 6 | int ms; | //宣告 LED 亮滅持續時間的變數 |
| 7 | }; | |
| 8 | DS dsRX; | //宣告要接收的(資料結構)變數 |
| 9 | void setup(){ | //只會執行一次的程式初始式數 |
| 10 | Serial.begin(9600); | //將 Serial 通訊鮑率設為 9600bps |
| 11 | etRX.begin(details(dsRX),&Serial); | //設定 etRX 的要接收的變數和串列埠 |
| 12 | pinMode(13,OUTPUT); | //設定 DIO 13 腳為輸出模式 |
| 13 | } | //結束 setup()函式 |
| 14 | void loop(){ | //永遠周而復始的主控制函式 |
| 15 | etRX.receiveData(); | //接收(資料結構)變數 |
| 16 | LED_Blink(); | //呼叫自定的 LED 閃爍函式 |
| 17 | } | //設定 etRX 的要接收的變數和串列埠 |
| 18 | void LED_Blink(){ | //設定 DIO 13 腳為輸出模式 |
| 19 | for(int i=0;i<dsRX.count;i++){ | //for 迴圈執行 count 次 |
| 20 | digitalWrite(13, HIGH); | //LED 亮 |
| 21 | delay(dsRX.ms); | //延遲 ms 毫秒 |

| 22 | `digitalWrite(13, LOW);` | //LED 滅 |
| 23 | `delay(dsRX.ms);` | //延遲 ms 毫秒 |
| 24 | `}` | //結束 for 迴圈 |
| 25 | `}` | //結束 LED_Blink()函式 |

說明 EasyTransfer_TX.ino 是左側 TX_Uno 開發板的控制韌體程式，而 EasyTransfer_RX.ino 是右側 RX_Uno 的控制韌體程式。圖 7-4-2 是兩個程式通訊的主要控制流程，一開始 EasyTransfer_RX 在宣告與初始化後進入 loop( )函式，並會停在 easytransfer.receiveData( )以等候接收資料，如果收到結構變數 dsRX 的資料，則將依其內容來控制其 LED 亮滅各 2 次，並再次停在 easytransfer.receiveData( )等候接收下一次的資料。EasyTransfer_TX 則在宣告與初始化後進入 loop( )函式，接著呼叫 easytransfer.sendData( )將結構變數 dsTX 透過 Serial 的 TX/RX 腳傳送出去，傳完後至少須等待一段大於接收方控制 LED 閃爍的總時間。如此，周而復始的重複上述動作。

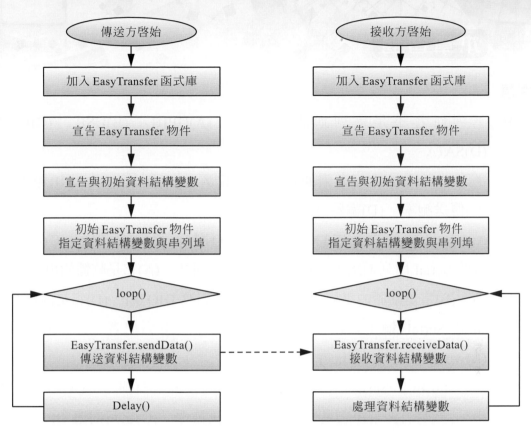

◎ 圖 7-4-2　EasyTransfer 版本通訊程式的主要控制流程圖

練習 試著調整結構變數的 LED 閃爍次數和亮滅持續時間的變數，並觀察與記錄 RX_Uno 板的 LED 閃爍動作。

試著修改範例程式為雙向交互遞增 LED 的閃爍次數。(提示：須將單向傳輸改為雙向傳輸)

## 本章習題

**選擇題**

( )1. 下列何者不是串列通訊介面？　(A)GPIB　(B)USB　(C)RS-232 (D)SATA。

( )2. 下列何者不是設定串列通訊埠的參數？　(A)同位檢查　(B)停止位元 (C)傳送鮑率　(D)編碼方式。

( )3. Arduino Uno 開發板的 TX 是第幾支 DIO 腳？　(A)0　(B)1　(C)2　(D)3。

( )4. 關於 Serial 串列通訊物件的敘述，何者有誤？　(A)它是軟體的串列通訊物件　(B)它是硬體的串列通訊物件　(C)它對應 DIO 0,1　(D)它是內建的。

( )5. 希望 Serial 輸出資料後自動換行，應呼叫下列何者？　(A)writeln( ) (B)write( )　(C)println( )　(D)print( )。

( )6. 關於 SoftwareSerial 串列通訊物件的敘述，何者有誤？　(A)它是軟體的串列通訊物件　(B)它是硬體的串列通訊物件　(C)它可對應 DIO 2,3 (D)它不是內建的。

( )7. 關於 SoftwareSerial 串列通訊物件的敘述，何者正確？　(A)傳收雙方都必須是 SoftwareSerial　(B)不能用 SoftwareSerial 傳給 Serial　(C)一支程式只能宣告一個 SoftwareSerial 物件變數　(D)只要 TXRX 對應好 Serial 可傳給 SoftwareSerial。

( )8. 關於 EasyTransfer 通訊物件的敘述，何者有誤？　(A)它可以用軟體的串列通訊物件　(B)它只能用硬體的串列通訊物件　(C)它的傳輸效率不高 (D)它不是內建的。

( )9. EasyTransfer.send( )最多一次可傳多少 Bytes？　(A)63　(B)127　(C)255 (D)511。

( )10. 關於 EasyTransfer 通訊物件的敘述，何者正確？
(A)可搭配 SoftwareSerail　(B)可指定 DIO 0,1 以外的任意 2 支 DIO 腳 (C)使用 write( )函式傳輸變數值　(D)可傳輸多個變數與訊息文字。

## 問答題

1.　請寫出 3 種常見的串列通訊介面？

2.　請簡述串列通訊發生干擾以至位元錯誤時，該如何解決？

3.　請寫出 Arduino UNO 可以設定的串列通訊速率有哪些？

4.　請簡述硬體 Serial 所對應的 TXRX 是 DIO 哪兩支腳？

5.　請簡述 EasyTransfer 有哪些限制應加以留意的？

## 實作題

1.　請將實驗 7-1 範例程式改用 SoftwareSerial 來設計串列通訊程式。

2.　請下載與安裝最新版 SoftEasyTransfer 函式庫。

3.　請將實驗 7-3 範例程式改用 SoftEasyTransfer 來設計串列通訊程式。

# *8*

# 中斷工作原理與基本實驗

　　何謂中斷(Interrupt)？就字面意思即中斷你目前正在執行的工作，轉而執行其他指定工作。舉一個簡單的例子，假設你現在正在使用電腦瀏覽網頁，如果此時手機鈴響，你會暫停瀏覽網頁而接聽手機，接聽完會執行對方要你做的事，事情作完了才繼續使用電腦瀏覽網頁。此過程稱為『中斷』，而執行對方要你做的事就是『中斷服務函式(Interrupt Service Routine; ISR)』。

　　中斷功能對所有微處理機而言是相當重要的功能，當週邊需要微處理機服務時，可以透過中斷要求服務，這時微處理機會把目前的工作暫停執行，而跳至預先放置的中斷服務函式執行，直到中斷服務函式執行到回返指令後，再回到原來被中斷的地方繼續執行。所以對單晶片而言，中斷情況也是如此；程式依序執行，但中斷產生時，它也會丟下正在執行的程式(把目前的位置 PUSH 放入堆疊)，馬上優先處理中斷命令並執行中斷服務函式。當處理完所有緊急工作後，回到中斷原程式的地方(再從堆疊 POP 取回程式位址)，繼續完成工作。

跟中斷相反的另一個動作稱爲輪詢(Polling)，輪詢是微處理機採取主動的方式，在程式的主迴圈或者定時去檢查週邊是否需要微處理機服務，有的話就執行相關的程式，否則就跳回主迴圈繼續執行。這兩者的差別是中斷時微處理機是被動的，只有在事件發生的時候才會執行動作；而輪詢時微處理機是主動的，不管有沒有動作發生，都要自行檢查。所以使用中斷所耗費的系統資源較少，平常微處理機就不必常常輪詢週邊是否需要服務，進而提高微處理機的工作效率。

# 8-1　Arduino 外部中斷介紹

大多數的 Arduino 板有提供兩個外部中斷，分別爲編號 0 號中斷(DIO 腳 2)和編號 1 號中斷(DIO 腳 3)。在軟體上 Arduino 使用內建 attachInterrrupt 函式用來指定外部中斷的中斷服務函式(Interrupt Service Routine, ISR)。表 8-1-1 顯示部份 Arduino 板可用的中斷編號及 DIO 腳。

◎ 表 8-1-1

| Arduino 板 | INT 0 | INT 1 | INT 2 | INT 3 | INT 4 | INT 5 |
|---|---|---|---|---|---|---|
| Uno, Ethernet | 2 | 3 | x | x | x | x |
| Mega2560 | 2 | 3 | 21 | 20 | 19 | |
| Leonardo | 3 | 2 | 0 | 1 | x | x |
| Due | 註 1 | | | | | |

註 1：Arduino Due 擁有強大的中斷能力，允許在所有的引腳上觸發中斷服務函式，可以直接使用 attachInterrrupt 指定 DIO 腳號碼。

● **系統提供有關外部中斷的指令函式包括**：attachInterrupt( )、detachInterrupt( )、noInterrupts( )及 interrupts( )。

1. attachInterrupt( )：用來指定外部中斷服務函式(ISR)。

語法(Syntax)：

attachInterrupt(interrupt, function, mode)

interrupt：外部中斷的編號，參閱表 8-1-1。

function：中斷服務函式，中斷服務函式必須是不接受參數而且不回傳任何參數。

mode：觸發中斷信號的方式，有四個可以設定的常數值：

◆ LOW：當 DIO 腳為 LOW 時觸發中斷

◆ CHANGE：當 DIO 腳狀態改變時觸發中斷，不管是從 HIGH 到 LOW 或從 LOW 到 HIGH

◆ RISING：當 DIO 腳狀態從 LOW 到 HIGH 時觸發中斷，RISING 又稱正緣觸發

◆ FALLING：當 DIO 腳狀態從 HIGH 到 LOW 時觸發中斷，FALLING 又稱負緣觸發

傳回值：

無

2. detachInterrupt( )：用來移除外部中斷服務函式。

語法(Syntax)：

detachInterrupt(interrupt)

參數(Parameters)：

interrupt：外部中斷的編號，參閱表 8-1-1。

傳回值：

無

3. noInterrupts( )：用來停止 Arduino 所有中斷。停止中斷時，部分函式會無法工作，通信中接收到的資料也可能會被忽略而遺失。中斷會稍微打亂程式碼的時間，但是在關鍵時刻可以停止中斷。

語法(Syntax)：

noInterrupts( )

參數(Parameters)：

無

傳回值：

無

4. interrupts( )：重新啓用中斷

語法(Syntax)：

interrupts( )

參數(Parameters)：

無

傳回值：

無

● 使用 Arduino 中斷注意事項

1. 中斷服務函式裡面，delay( )、delayMicroseconds( )不會生效，micros( )、millis( ) 的數值不會持續增加，所以不能使用。

2. 當中斷發生時，串列傳輸收到的資料可能會遺失。

3. (在中斷服務函式裡面使用到的全域變數，應該聲明爲 volatile 變數)[註 2]。

4. 外部中斷 0 與外部中斷 1 被指定爲相同的優先權。

5. 當一外部中斷產生時會預設不會讓另一中斷發生，若要讓另一中斷有效，必須 使用 interrupts( )來致能。

註 2：如果一個變數所在的程式碼片段可能會意外地導致變數值改變那此變數應聲明 爲 volatile，比如並行多執行緒等。在 arduino 中，唯一可能發生這種現象的地 方就是和中斷有關的程式碼片段，也就是中斷服務函式。

## 8-2 實例演練

### 實驗 8-1 Arduino UNO 外部中斷 INT0 實習

目的 ▸ 練習使用 attachInterrupt( ) 函式與外部中斷 0。

功能 ▸ 當 $PB_1$ 按鍵被按下時，會產生中斷而改變狀態，當狀態為 true 則會點亮 LED 燈 1 秒，熄滅 LED 燈 0.5 秒，當狀態為 false 時則關閉 LED 燈。

原理 ▸ 利用 attachInterrupt( ) 函式設定外部中斷 0 的中斷服務函式，讓程式在按鍵 $PB_1$ 按下時產生外部中斷 0 而自動執行中斷服務函式。

電路圖 ▸ 因為使用外部中斷 0 產生中斷，按鍵 $PB_1$ 必須接在 D2 接腳並使用下拉電阻的接法，亦即在接按鍵的介面與 GND 之間接一個 1k～10kΩ 的電阻。其作用是當外界有干擾源的時候，在斷開狀態下，干擾源在通向 GND 的過程中，會被電阻消耗掉。

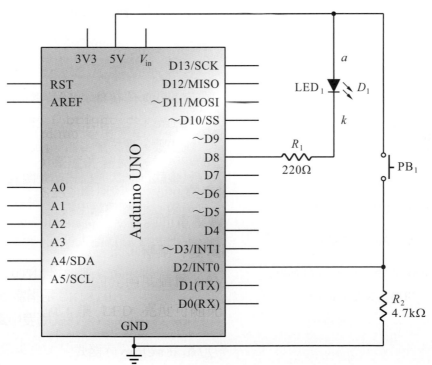

◉ 圖 8-2-1　Arduino UNO 外部中斷 INT0 實習電路

主要元件

| 編號 | 元件項目 | 數量 | 元件名稱 |
|------|----------|------|----------|
| 1 | Arduino UNO | 1 | Arduino 開發板 |
| 2 | $LED_1$ | 1 | 紅色 LED |
| 3 | $R_1$ | 1 | 220Ω 電阻 |
| 4 | $R_2$ | 1 | 4.7kΩ 電阻 |
| 5 | $PB_1$ | 1 | 按鍵 |

程式

### EX8_1

| 行號 | 程式敘述 | 註解 |
|------|----------|------|
| 1 | //EX8_1.ino | //外部中斷 0 實習 |
| 2 | int IntNum = 0; | //使用外部中斷 0 |
| 3 | int PB1 = 2; | //定義按鈕(PB1)接腳，配合中斷接在 D2 上 |
| 4 | int LED = 8; | //定義 LED 接在 D 8 |
| 5 | volatile boolean state =false ; | //定義狀態為布林，狀態初始值設為 False，在中斷服務函式裡面使用到的全域變數，應該聲明為 volatile 變數。 |
| 6 | void setup(){ | //只會執行一次的程式初始函式 |
| 7 | pinMode(LED, OUTPUT); | //規劃 LED 腳為輸出模式 |
| 8 | pinMode(PB1, INPUT); | //規劃 PB1 腳為輸入模式 |
| 9 | attachInterrupt(IntNum, INT0_SUB, RISING); | //規劃外部中斷 0 連接到 INT0_SUB() 中斷服務函式，RISING 是指當 PB1 狀態從 LOW 到 HIGH 改變時就觸發中斷 |
| 10 | } | //結束 setup()函式 |
| 11 | void loop(){ | //永遠周而復始的主控制函式 |
| 12 | if (state){ | //判斷狀態 state 為 true |

| | | |
|---|---|---|
| 13 | digitalWrite(LED, LOW); | //LED 輸出 LOW，LED 點亮_ |
| 14 | delay(1000); | //呼叫延遲函式等待 1000 毫秒 |
| 15 | digitalWrite(LED, HIGH); | //LED 輸出 HIGH，LED 熄滅 |
| 16 | delay(500); | //呼叫延遲函式等待 500 毫秒 |
| 17 | } | //if 結束 |
| 18 | else{ | //判斷狀態 state 爲 false |
| 19 | digitalWrite(LED, HIGH); | //LED 輸出 HIGH，LED 熄滅 |
| 20 | } | //else 結束 |
| 21 | } | //結束 loop()函式 |
| 22 | void INT0_Sub(){ | //開始 INT0_Sub()中斷服務函式 |
| 23 | state = !state; | //中斷發生，改變狀態 |
| | } | //結束 INT0_Sub()中斷服務函式 |

說明 EX8_1.ino 是利用 attachInterrupt( )函式來設定中斷服務函式控制 LED 動作的韌體程式。一開始先用只會執行一次的程式初始函式設定規劃使用外部中斷 0，LED 腳爲輸出模式，PB$_1$ 腳爲輸入模式並配合中斷 0 使用接腳 2。呼叫 attachInterrupt 函式設定 INT0_SUB( )爲中斷服務函式及使用 RISING 來觸發中斷，即當 PB$_1$ 狀態從 LOW 變 HIGH 改變時就觸發中斷並執行 INT0_SUB( )中斷服務函式。INT0_SUB( )的目的是將狀態 state 改變。當 state 爲 true 時，LED 接腳的數位輸出爲 LOW 時點亮 LED，接著呼叫延遲副程式 delay(1000)，單位爲毫秒(ms)，設定 1000 即延遲 1 秒；LED 接腳的數位輸出爲 HIGH 熄滅 LED，接著呼叫延遲副程式 delay(500)延遲 0.5 秒；當 state 爲 false 時，LED 接腳的數位輸出爲 HIGH 熄滅 LED。如此永遠周而復始的主控制函式。

練習

1. 利用中斷 0 設計當按鍵按下時 LED 亮，放開按鍵時 LED 熄滅。

## 實驗 8-2　Arduino UNO 外部中斷 INT1 實習

**目的**　練習使用 attachInterrupt( )函式與外部中斷 1 控制 LED 左右移的顯示。

**功能**　利用 Arduino 第 4～11 隻數位接腳加上 8 個 220Ω 限流電阻，在 Arduino 數位輸出低電位時點亮該 LED 燈。主程式一開始單一燈向左移動顯示，當 PB₁ 按鍵被按下時，會產生中斷而改變單一燈反方向向右移動顯示 8 次後又回到主程式單一燈向左移動顯示，如此一直重覆執行。

**原理**　利用 attachInterrupt( )函式設定外部中斷 1 的中斷服務函式，讓程式在按鍵 PB₁ 按下時產生外部中斷 1 而自動執行中斷服務函式。

**電路**　按鍵 PB₁ 必須接在 D3 接腳作為外部中斷 1 觸發。

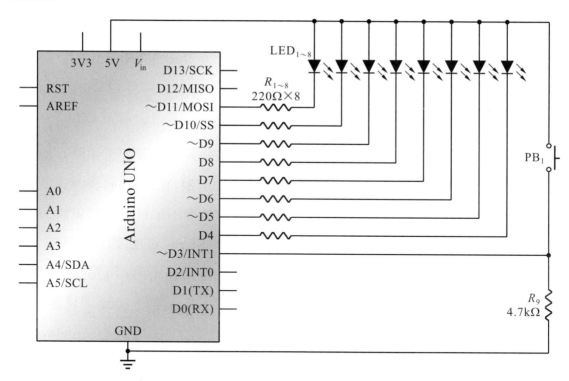

◎ 圖 8-2-2　Arduino UNO 外部中斷 INT1 實習電路

元件

| 編號 | 元件項目 | 數量 | 元件名稱 |
|---|---|---|---|
| 1 | Arduino UNO | 1 | Arduino 開發板 |
| 2 | $LED_{1\sim8}$ | 8 | 紅色 LED |
| 3 | $R_{1\sim8}$ | 8 | 220Ω 電阻 |
| 4 | $R_9$ | 1 | 4.7kΩ 電阻 |
| 5 | $PB_1$ | 1 | 按鍵 |

程式

EX8_2

| 行號 | 程式敘述 | 註解 |
|---|---|---|
| 1 | int led_run[8]={4, 5, 6, 7, 8,9,10,11}; | //定義 LED 左移接腳順序編號 |
| 2 | int num=0; | //宣告 led 接腳變數 |
| 3 | const int IntNum = 1; | //使用外部中斷 1 |
| 4 | const int PB1 = 3; | //定義按鈕(PB1)接腳，配合中斷接在 D3 上 |
| 5 | volatile int im,jm,zm; | //宣告 delay_ms 內變數，在中斷服務函式裡面使用到的全域變數，應該聲明為 volatile 變數。 |
| 6 | void led_dark(){ | //將 8 個 LED 全部熄滅副程式 |
| 7 | int i; | //宣告變數 |
| 8 | for(i=0;i<8;i++) | //使用 for 迴圈，控制 Arduino 第 4 接腳依序控制到第 11 隻接腳來熄滅 LED |
| 9 | digitalWrite(led_run[i],HIGH); | //將 Arduino 第 4 隻接腳依序控制到第 11 隻接腳均輸出 HIGH 來熄滅 LED |
| 10 | } | //結束 8 顆 LED 全部熄滅副程式 |
| 11 | void delay_ms(int tm){ | //延遲副程式，單位時間為 1ms |
| 12 | for (im=0; im< tm; im++){ | //計數 tm 次，延遲 tm x 1ms |
| 13 | for (jm=0; jm<481; jm++){ | //計數 481 次，延遲 1ms |

| | | |
|---|---|---|
| 14 | `zm=im*5;` | |
| 15 | `}` | |
| 16 | `}` | |
| 17 | `}` | //結束延遲副程式 |
| 18 | `void setup(){` | //只會執行一次的程式初始函式 |
| 19 | `int i;` | //宣告變數 |
| 20 | `for(i=0;i<8;i++)` | //使用 for 迴圈,設定 Arduino 第 4 隻接腳依序到第 11 隻接腳 |
| 21 | `pinMode(led_run[i],OUTPUT);` | //規劃 8 隻控制接腳爲輸出模式 |
| 22 | `led_dark();` | //呼叫 led_dark() 將 LED 全部熄滅。 |
| 23 | `pinMode(PB1, INPUT);` | //規劃 PB1 腳爲輸入模式 |
| 24 | `attachInterrupt(IntNum, INT1_Sub,RISING);` | //規劃外部中斷 1 連接到 INT1_SUB() 中斷服務函式,RISING 是指當 PB1 狀態從 LOW 到 HIGH 改變時就觸發中斷 |
| 25 | `}` | //結束 setup() 函式 |
| 26 | `void loop(){` | //永遠周而復始的主控制函式 |
| 27 | `DigitalWrite(led_run[num],LOW);` | //點亮第 num 個 LED |
| 28 | `delay_ms(1000);` | //呼叫延遲 1 秒副程式 |
| 29 | `digitalWrite(led_run[num],HIGH);` | //熄滅第 num 個 LED |
| 30 | `num++;` | //num 加 1 |
| 31 | `if(num > 7){` | //如果 num 大於 7 |
| 32 | `num=0;` | //num=0 |
| 33 | `}` | //if 結束 |
| 34 | `}` | //結束 loop() 函式 |
| 35 | `void INT1_Sub(){` | //開始 INT1_Sub() 中斷服務函式 |

| 36 | `int i;` | //宣告 i 為整數 |
|---|---|---|
| 37 | `led_dark();` | //呼叫 led_dark() 將 LED 全部熄滅。 |
| 38 | `for(i=7;i>=0;i--){` | //使用 for 迴圈讓 LED 右移 8 次 |
| 39 | `digitalWrite(led_run[i],LOW);` | //點亮第 i 個 LED |
| 40 | `delay_ms(1000);` | //呼叫延遲 1 秒副程式 |
| 41 | `digitalWrite(led_run[i],HIGH);` | //熄滅第 i 個 LED |
| 42 | `  }` | //結束 for 迴圈 |
| 43 | `}` | //結束 INT1_Sub() 中斷服務函式 |

說明 EX8_2 是利用 attachInterrupt( ) 函式來設定中斷服務函式控制 LED 右移的韌體程式。因為中斷服務函式裡面，delay( )、delayMicroseconds( ) 不會生效，所以必須自己撰寫延遲的副程式。一開始先用 led_run 矩陣設定 8 顆 LED 燈點亮的順序，而只會執行一次的程式初始式設定規劃 8 顆 LED 腳為輸出模式，呼叫 attachInterrupt 函式設定 INT1_SUB( ) 為中斷服務函式及使用 RISING PB₁ 腳為輸入模式並配合中斷 0 使用接腳 2 用來觸發中斷，即當 PB₁ 狀態從 HIGH 變 LOW 改變時就觸發中斷並執行 INT1_SUB( ) 中斷服務函式。INT1_SUB( ) 的目的是將 LED 做右移 8 次。在 loop 主控制函式，將 8 顆 LED 接腳依序左移一次，每一顆點亮時間為呼叫延遲副程式 delay(1000)，單位為毫秒(ms)，設定 1000 即點亮 1 秒，如此永遠周而復始的主控制函式使得 LED 一直重覆右到左。

練習 利用中斷 1 設計當按鍵按下時 8 個 LED 全亮 0.5 秒全滅 0.5 秒 3 次，放開按鍵時 LED 做左移 8 次後再右移 8 次一直循環。

### 實驗 8-3　Arduino UNO 兩個外部中斷實習

**目的** 練習使用 attachInterrupt( )函式與兩個外部中斷控制七段顯示器的顯示。

**功能** 利用 Arduino 第 4～11 隻數位接腳完成控制一個七段顯示器，主程式使它重覆全亮 0.5 秒全滅 0.5 秒。當 $PB_1$ 按鍵被按下時，會產生外部中斷 0 讓七段顯示器顯示 0 到 9 數字一個循環上數，間隔時間為 0.5 秒鐘。當 $PB_2$ 按鍵被按下時，會產生外部中斷 1 讓七段顯示器顯示 9 到 0 數字一個循環下數，間隔時間為 1 秒鐘。

**原理** 利用 attachInterrupt( )函式分別設定外部中斷 0 與外部中斷 1 的中斷服務函式，讓程式在按鍵按下時產生外部中斷而自動執行中斷服務函式。

**電路** 按鍵 $PB_1$ 必須接在 D2 接腳作為外部中斷 0 觸發，按鍵 $PB_2$ 必須接在 D3 接腳作為外部中斷 1 觸發。

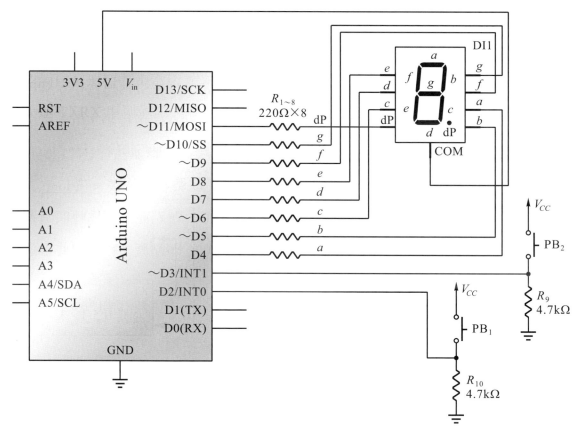

◎ 圖 8-2-3　Arduino UNO 的共陽極七段顯示器電路

## 元件

| 編號 | 元件項目 | 數量 | 元件名稱 |
|------|----------|------|----------|
| 1 | Arduino UNO | 1 | Arduino 開發板 |
| 2 | DI1 | 1 | 共陽極七段顯示器 |
| 4 | $R_9, R_{10}$ | 2 | 4.7kΩ 電阻 |
| 5 | $PB_1, PB_2$ | 2 | 按鍵 |

## 程式

### EX8_3

| 行號 | 程式敘述 | 註解 |
|------|----------|------|
| 1 | `int led_num[10][7]={{4, 5, 6, 7, 8,9},` | //數字顯示定義的矩陣 `led_num`，並定義數字 0 接腳編號 |
| 2 | `{5, 6},` | //定義數字 1 接腳編號 |
| 3 | `{4, 5, 7, 8, 10},` | //定義數字 2 接腳編號 |
| 4 | `{4, 5, 6, 7, 10},` | //定義數字 3 接腳編號 |
| 5 | `{5, 6, 9, 10},` | //定義數字 4 接腳編號 |
| 6 | `{4, 6, 7, 9, 10},` | //定義數字 5 接腳編號 |
| 7 | `{4, 6, 7, 8, 9, 10},` | //定義數字 6 接腳編號 |
| 8 | `{4, 5, 6},` | //定義數字 7 接腳編號 |
| 9 | `{4, 5, 6, 7, 8, 9, 10},` | //定義數字 8 接腳編號 |
| 10 | `{4, 5, 6, 7, 9, 10} };` | //定義數字 9 接腳編號，數字顯示定義的矩陣結束 |
| 11 | `const int IntNum1 = 0;` | //使用外部中斷 0 |
| 12 | `const int PB1 = 2;` | //定義按鈕(PB1)接腳，配合中斷接在 D2 上 |
| 13 | `const int IntNum2 = 1;` | //使用外部中斷 1 |
| 14 | `const int PB2 = 3;` | //定義按鈕(PB2)接腳，配合中斷接在 D3 上 |

| | | |
|---|---|---|
| 15 | `volatile int im,jm,zm;` | //宣告 delay_ms 內變數，在中斷服務函式裡面使用到的全域變數，應該聲明為 volatile 變數 |
| 16 | `volatile int segment,num;` | //宣告變數，在中斷服務函式裡面使用到的全域變數，應該聲明為 volatile 變數 |
| 17 | `void delay_ms(int tm){` | //延遲副程式，單位時間為 1ms |
| 18 | `  for (im=0; im< tm; im++){` | //計數 tm 次，延遲 tm x 1ms |
| 19 | `for (jm=0; jm<481; jm++){` | //計數 481 次，延遲 1ms |
| 20 | `zm=im*5;` | |
| 21 | `}` | |
| 22 | `}` | |
| 23 | `}` | //結束延遲副程式 |
| 24 | `void led_dark(){` | //將 7 段顯示器 LED 全部熄滅副程式 |
| 25 | `for(segment=4;segment<=11;segment++)` | //segment 迴圈，執行 8 次 |
| 26 | `    digitalWrite(segment,HIGH);` | //熄滅 segment 號 LED |
| 27 | `}` | //副程式結束 |
| 28 | `void led_light(){` | //將 7 段顯示器 LED 全部點亮副程式 |
| 29 | `for(segment=4;segment<=11;segment++)` | //segment 迴圈，執行 8 次 |
| 30 | `    digitalWrite(segment,LOW);` | //點亮 segment 號 LED |

| 31 | `}` | //副程式結束 |
|---|---|---|
| 32 | `void setup(){` | //只會執行一次的程式初始函式 |
| 33 | `for(segment=4;segment<=11;segment++)` | //使用 for 迴圈，設定 Arduino 第 4 隻接腳依序到第 11 隻接腳 |
| 34 | `    pinMode(segment,OUTPUT);` | //規劃 8 隻控制接腳爲輸出模式 |
| 35 | `  pinMode(PB1, INPUT);` | //規劃 PB1 腳爲輸入模式 |
| 36 | `  attachInterrupt(IntNum1, INT0_Sub, RISING);` | //規劃外部中斷 0 連接到 INT0_SUB() 中斷服務函式，RISING 是指當 PB1 狀態從 LOW 到 HIGH 改變時就觸發中斷 |
| 37 | `  pinMode(PB2, INPUT);` | //規劃 PB2 腳爲輸入模式 |
| 38 | `  attachInterrupt(IntNum2, INT1_Sub, RISING);` | //規劃外部中斷 1 連接到 INT1_SUB() 中斷服務函式，RISING 是指當 PB2 狀態從 LOW 到 HIGH 改變時就觸發中斷 |
| 39 | `}` | |
| 40 | `void loop(){` | //啓動 loop 主控制函式 |
| 41 | `led_light();` | //呼叫 led_light() 將七段顯示器全部點亮 |
| 42 | `delay_ms(500);` | //呼叫延遲副程式，延遲 500x1ms=0.5 秒 |
| 43 | `led_dark();` | //呼叫 led_dark() 將七段顯示器全部熄滅， |
| 44 | `delay_ms(500);` | //呼叫延遲副程式，延遲 500x1ms=0.5 秒 |

| 45 | `}` | //結束 loop() 函式 |
|---|---|---|
| 46 | `void INT0_Sub(){` | //開始 INT0_Sub()中斷服務函式 |
| 47 | `interrupts();` | //中斷致能，讓其他中斷可以產生 |
| 48 | `for(num=0;num<=9;num++){` | //num 迴圈，執行 10 次每 0.5 秒切換顯示數字 0～9 作上數 |
| 49 | `led_dark();` | //將 7 段顯示器 LED 全部熄滅 |
| 50 | `for(segment=0;segment<7;segment++){` | //segment 迴圈，執行 7 次 |
| 51 | `digitalWrite(led_num[num][segment],LOW);` | //點亮七段顯示器 |
| 52 | `delay_ms(500);` | //呼叫延遲副程式，延遲 500x1ms=0.5 秒 |
| 53 | `}` | //segment 迴圈結束 |
| 54 | `}` | //num 迴圈結束 |
| 55 | `}` | //結束 INT0_Sub()中斷服務函式 |
| 56 | `void INT1_Sub(){` | //開始 INT1_Sub()中斷服務函式 |
| 57 | `interrupts();` | //中斷致能，讓其他中斷可以產生 |
| 58 | `for(num=9;num>=0;num++){` | //num 迴圈，執行 10 次每 1 秒切換顯示數字 9～0 作下數 |
| 59 | `led_dark();` | //將 7 段顯示器 LED 全部熄滅 |
| 60 | `for(segment=0;segment<7;segment++){` | //segment 迴圈，執行 7 次 |

```
61   digitalWrite(led_num[num][segment],LOW);   //點亮七段顯示器
62   delay_ms(1000);                            //呼叫延遲副程式，延遲
                                                  1000x1ms=1 秒
63   }                                          //segment 迴圈結束
64   }                                          //num 迴圈結束
65   }                                          //結束 INT1_Sub()中斷
                                                  服務函式
```

說明 ▶ EX8_3 是利用 attachInterrupt( )函式來設定中斷服務函式控制七段顯示器
顯示數字的韌體程式。一開始先用 led_num 矩陣設定七段顯示器顯示數
字 0～9 的接腳編號，呼叫 attachInterrupt 函式分別設定 INT1_SUB( )與
INT1_SUB( )為中斷服務函式。INT0_SUB( )的目的是將七段顯示器作數
字 0 到 9 上數的功能，間隔時間為 0.5 秒；INT1_SUB( )的目的是將七段
顯示器作數字 9 到 0 下數的功能，間隔時間為 1 秒。在 loop 主控制函式，
將七段顯示器作全亮與全滅的切換，間隔時間為 0.5 秒，如此永遠周而復
始的主控制函式。

練習 ▶ 在本實驗的電路裡，若將共陽極七段顯示器改成共陰極七段顯示器，程
式應如何修改。

## 本章習題

**選擇題**

(　　)1. 在中斷式 I/O 中，當 I/O 裝置需要作 I/O 服務處理時，會以何種信號來通知 CPU，以進行 I/O 傳輸服務？　(A)匯流排仲裁線(BRQ)　(B)位址線　(C)中斷認知(IACK)　(D)中斷要求(IRQ)。

(　　)2. CPU 與週邊元件間，傳送資料有下列幾種方式，試問何種方式是 CPU 處於主動地位，不斷詢問發送端是否有資料要傳送？　(A)輪詢式 I/O　(B)中斷式 I/O　(C)直接記憶接達　(D)交握式。

(　　)3. CPU 處理中斷時，通常採用何種方式來暫存資料？　(A)串列　(B)指標　(C)儲列　(D)堆疊。

(　　)4. 當微處理機接受外來的中斷信號時，是在目前的　(A)指令週期　(B)時序週期　(C)機器週期　(D)匯流排週期　結束後，才開始執行中斷程序。

(　　)5. 在微算機中，CPU 通常在一些條件同時滿足時，才接受一外部的中斷要求，下列何者不屬於這些條件中的一個？　(A)目前指令執行完畢　(B)中斷致能旗號致能(enable)　(C)中斷要求輸入線產生中斷要求信號　(D)DMA 控制器致能。

(　　)6. 下列有關中斷的敘述何者正確？　(A)中斷請求後，CPU 在完成匯流排週期立刻發出認知　(B)中斷認知發出後，CPU 便進入停止狀態，由中斷控制器接手執行中斷處理程式　(C)中斷服務程式進行中，便無法再接受其它的中斷請求　(D)中斷處理程式結束要返回前，需恢復中斷前 CPU 的狀態。

(　　)7. Arduino UNO 有提供幾個外部中斷？　(A)1 個　(B)2 個　(C)3 個　(D)4 個。

(　　)8. 在軟體上 Arduino 使用那個內建函式用來指定外部中斷的中斷服務程式？　(A)attachInterrrupt　(B)detachInterrupt　(C)interrupts　(D)noInterrupts。

(　　)9. 使用 Arduino 中斷時，何者有誤？　(A)在中斷服務程式裡面使用到的全域變數，應該聲明為 volatile 變數　(B)外部中斷 0 與外部中斷 1 為相同的優先權　(C)在中斷服務函式裡面可以使用 delay 函式　(D)當中斷發生時，串列傳輸收到的資料可能會遺失。

(　　)10. Arduino UNO 開發板使用哪兩個接腳做為外部中斷觸發的接腳？
(A)DIO 1、2　(B)DIO 2、3　(C)DIO 4、5　(D)DIO 6、7。

## 問答題

1. 請說明中斷意義，微處理器使用中斷方法有哪些優點。

2. 何謂輪詢？請簡要說明。

3. 大多數的 Arduino 板有提供幾個外部中斷。

4. 在軟體上 Arduino 使用何種函式用來指定外部中斷的中斷服務函式。

5. Arduino UNO 開發板使用哪兩個接腳做為外部中斷觸發的接腳。

6. Arduino 觸發中斷信號的方式有哪幾種？

7. 使用 Arduino 中斷應注意哪些事項？

# 9

*CHAPTER*

# 綜合練習

## 實驗 9-1　4×4 鍵盤控制實驗

目的 瞭解 4×4 鍵盤的工作原理及使用 Arduino 程式控制方法。

功能 使用 Arduino UNO 讀取 4×4 鍵盤的按鍵值並顯示序列埠觀測視窗。

原理 4×4 矩陣鍵盤採用四行四列的組合，一般提供給微控制器作為輸入狀態的裝置。每個按鍵的下方一端連接到一個行，另一端連接到一個列，如圖 9-1-1 所示。一般市售 4×4 鍵盤及其對應接腳圖顯示在圖 9-1-2。

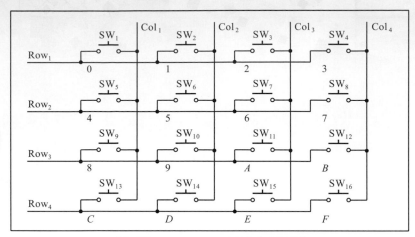

◎ 圖 9-1-1　4×4 鍵盤內部電路

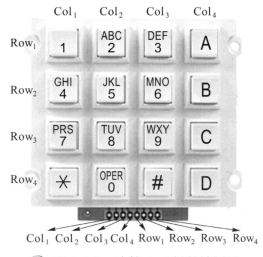

◎ 圖 9-1-2　市售 4×4 鍵盤接腳圖

要判斷按鍵是否被按下，就對某一行(Column)的線路送出電壓，然後檢查每一列(Row)的線路看看是否有導通，假如有導過的話，就代表該行與該列交集的按鍵有被按下，接著換到下一行(Column)，然後依序檢查每一列的線路，照著這個步驟做，就可以對 Keypad 上所有按鍵的狀態整個檢查一遍。這個方法叫做鍵盤掃描(Keypad scan)。

Keypad 鍵盤掃描程序必須控制輸出訊號、判斷輸入訊號，還要處理按鍵彈跳(debounce)等問題，所以 Keypad 鍵盤掃描程序是有一點繁瑣的。本實習使用 Arduino 官方網站提供的 keypad 函式庫把鍵盤掃描程序變簡單了，只要安裝 Keypad 函式庫，就可以很輕鬆地讀取鍵盤的輸入，而且 Keypad 函式庫支援 3×4、4×4 等各種型式的鍵盤。

電路 4×4 鍵盤與 Arduino UNO 開發板的接線如表 9-1-1 所示，整體電路如圖 9-1-3 所示。

◎ 表 9-1-1　4×4 鍵盤與 Arduino UNO 接線

|  | 4×4 鍵盤 | Arduino Uno |
|---|---|---|
| 1 | Col1 | D9 |
| 2 | Col2 | D8 |
| 3 | Col3 | D7 |
| 4 | Col4 | D6 |
| 5 | Row1 | D5 |
| 6 | Row2 | D4 |
| 7 | Row3 | D3 |
| 8 | Row4 | D2 |

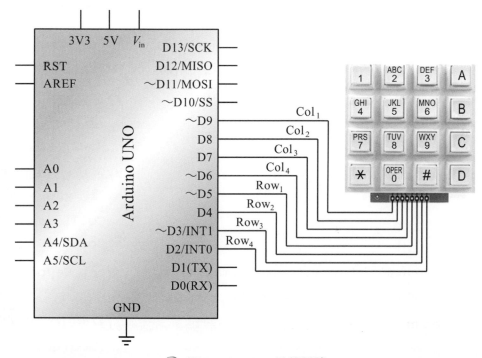

◎ 圖 9-1-3　4×4 鍵盤電路

元件

| 編號 | 元件項目 | 數量 | 元件名稱 |
|------|----------|------|----------|
| 1 | Arduino UNO | 1 | Arduino 開發板 |
| 2 | 4×4 Keypad | 1 | 4×4 鍵盤 |

程式 此實習需從 Arduino 官方網站下載 keypad 函式庫，把檔案解壓縮放到 Arduino 的 Libraries 資料夾內。

### 4×4_KeyPad

| 行號 | 程式敘述 | 註解 |
|------|----------|------|
| 1 | `#include <Keypad.h>` | //加入 Keypad 函式庫 |
| 2 | `const byte ROWS = 4;` | //設定鍵盤為 4 列 |
| 3 | `const byte COLS = 4;` | //設定鍵盤為 4 行 |
| 4 | `char keys[ROWS][COLS] = {{'1','2','3','A'},`<br>`{'4','5','6','B'},`<br>`{'7','8','9','C'},`<br>`{'*','0','#','D'}};` | //定義 Keypad 的按鍵 |
| 5 | `byte rowPins[ROWS] = {5, 4, 3, 2};` | //定義 Arduino 的接腳連到 Keypad 的 Row1, Row2, Row3, Row4 |
| 6 | `byte colPins[COLS] = {9, 8, 7, 6};` | //定義 Arduino 的接腳連到 Keypad 的 Col1, Col2, Col3, Col4 |
| 7 | `Keypad keypad = Keypad( makeKeymap(keys),`<br>`rowPins, colPins, ROWS, COLS );` | //建立 Keypad 物件 |
| 8 | `void setup(){` | //只會執行一次的程式初始式數 |
| 9 | `Serial.begin(9600);` | //將串列埠通訊鮑率設為 9600bps |

| | | |
|---|---|---|
| 10 | `}` | //結束 setup()函式 |
| 11 | `void loop(){` | //永遠周而復始的主控制函式 |
| 12 | `    char key = keypad.getKey();` | //讀取鍵盤的輸入 |
| 13 | `    if (key != NO_KEY){` | //判別有按鍵按下時 |
| 14 | `Serial.println(key);` | //按鍵輸出至序列埠觀測視窗 |
| 15 | `    }` | //結束 if |
| 16 | `}` | |

練習

1. 利用 4×4 鍵盤設計個位數的計算機。

2. 利用 4×4 鍵盤與 4 個 LED 設計，將按鍵的數值轉換成由 LED 顯示。

## 實驗 9-2  8×8 點矩陣顯示器控制實驗(數字 0～9)

**目的** 瞭解 8×8 點矩陣顯示器的字形設計與控制方法。

**功能** 當電源 ON 時，在顯示器上顯示英文字母"A"。

**原理** 8×8 點矩陣顯示器其內部結構如圖 9-2-1 所示，同一列中所有 LED 的陽(P) 極連接在一起再接到外部接腳，而同一行中所有 LED 的陰(N)極也接在一起再接到外部接腳。若要點亮某一個 LED 時，只要提供正電壓給對應的列，再將其 N 極所在的行接地，LED 便處於順向偏壓狀態，即可發亮。因此，可以藉著控制顯示器上 LED 的亮與滅，使其顯示出數字或符號。如圖 9-2-2 為英文字母"A"在 8×8 點矩陣顯示器上的顯示造形，其中黑色部分表示點亮的 LED。若要顯示某一個造形時，必須先將代表這個造形的資料碼找出來，然後將其放入程式中，再利用掃描的方式將其取出顯示。

本實驗是以 Pin 0～7 經 74LS244 控制 8×8 點矩陣顯示器的 $R_0$～$R_7$，Pin 0 控制 $R_0$、Pin 1 控制 $R_1$、…、Pin 7 控制 $R_7$；Pin 8～10 經 74LS138 解碼控制 8×8 點矩陣顯示器的 $C_0$～$C_7$。因此資料碼由 Pin 0～7 輸出，而掃描碼則由 Pin 8～10 輸出。代表英文字母"A"之資料碼如圖 9-2-3 所示。圖 9-2-4 為 74LS244 接腳及邏輯電路圖，圖 9-2-5 為 74LS138 接腳圖，圖 9-2-6 為 74LS138 真值表。

程式設計(一)中 char led[8][9]是定義顯示英文字母"A"之資料碼，陣列中 led[x][0]為 8×8 點矩陣顯示器第 x 行之 led 點亮之個數，例如程式中 led[0][0]的值為 5，表示第 0 行(C0)有 5 個 LED 會亮，分別為 $R_3$、$R_4$、$R_5$、$R_6$ 及 $R_7$。

程式設計(二)是使用 CPU 內部暫存器 DDRB、PORTB、DDRD 及 PORTD。

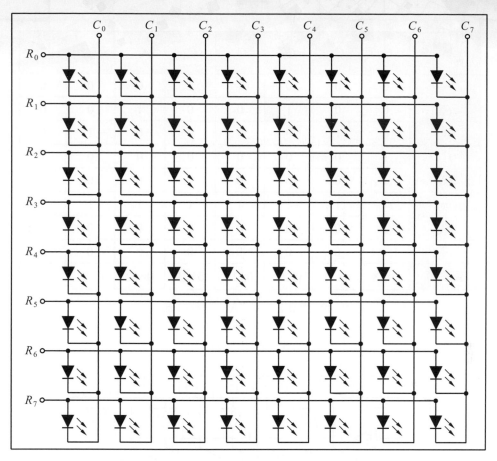

◎ 圖 9-2-1　8×8 點矩陣顯示器的內部結構

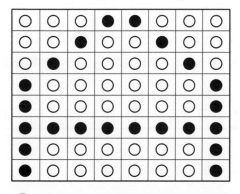

◎ 圖 9-2-2　英文字母 "A" 之造形

| 列＼行 | $C_0$ | $C_1$ | $C_2$ | $C_3$ | $C_4$ | $C_5$ | $C_6$ | $C_7$ |
|---|---|---|---|---|---|---|---|---|
| $R_0$ | 0 | 0 | 0 | 1 | 1 | 0 | 0 | 0 |
| $R_1$ | 0 | 0 | 1 | 0 | 0 | 1 | 0 | 0 |
| $R_2$ | 0 | 1 | 0 | 0 | 0 | 0 | 1 | 0 |
| $R_3$ | 1 | 0 | 0 | 0 | 0 | 0 | 0 | 1 |
| $R_4$ | 1 | 0 | 0 | 0 | 0 | 0 | 0 | 1 |
| $R_5$ | 1 | 1 | 1 | 1 | 1 | 1 | 1 | 1 |
| $R_6$ | 1 | 0 | 0 | 0 | 0 | 0 | 0 | 1 |
| $R_7$ | 1 | 0 | 0 | 0 | 0 | 0 | 0 | 1 |
| 資料碼 | 0×f8 | 0×24 | 0×22 | 0×21 | 0×21 | 0×22 | 0×24 | 0×f8 |

◎ 圖 9-2-3　"A" 之資料碼

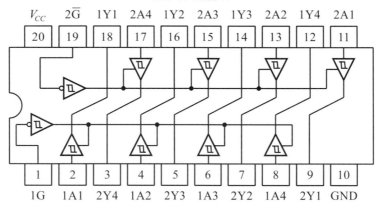

◎ 圖 9-2-4　74LS244 接腳及邏輯電路圖

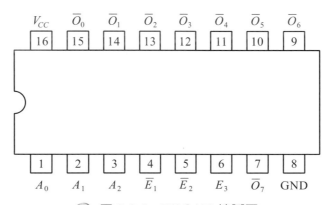

◎ 圖 9-2-5　74LS138 接腳圖

TRUTH TABLE

| INPUTS | | | | | | OUTPUTS | | | | | | | |
|---|---|---|---|---|---|---|---|---|---|---|---|---|---|
| $E_1$ | $E_2$ | $E_3$ | $A_0$ | $A_1$ | $A_2$ | $O_0$ | $O_1$ | $O_2$ | $O_3$ | $O_4$ | $O_5$ | $O_6$ | $O_7$ |
| H | X | X | X | X | X | H | H | H | H | H | H | H | H |
| X | H | X | X | X | X | H | H | H | H | H | H | H | H |
| X | X | L | X | X | X | H | H | H | H | H | H | H | H |
| L | L | H | L | L | L | L | H | H | H | H | H | H | H |
| L | L | H | H | L | L | H | L | H | H | H | H | H | H |
| L | L | H | L | H | L | H | H | L | H | H | H | H | H |
| L | L | H | H | H | L | H | H | H | L | H | H | H | H |
| L | L | H | L | L | H | H | H | H | H | L | H | H | H |
| L | L | H | H | L | H | H | H | H | H | H | L | H | H |
| L | L | H | L | H | H | H | H | H | H | H | H | L | H |
| L | L | H | H | H | H | H | H | H | H | H | H | H | L |

H = HIGH Voltage Level

L = LOW Voltage Level

X = Don't Care

◎ 圖 9-2-6　74LS138 真值表

電路圖

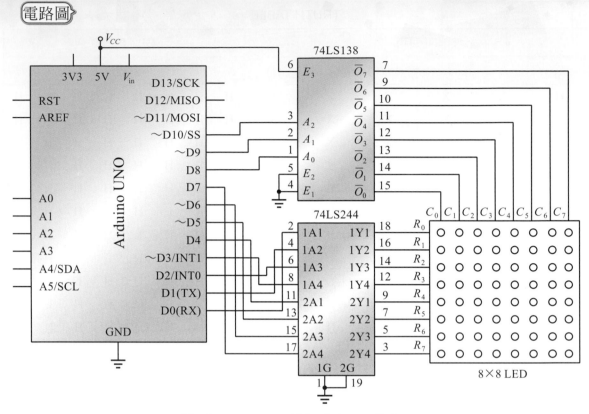

◎ 圖 9-2-7　8×8 點矩陣顯示器電路圖

主要元件

| 編號 | 元件項目 | 數量 | 元件名稱 |
|------|----------|------|----------|
| 1 | Arduino1 | 1 | Arduino UNO |
| 2 | $LED_1$ | 1 | 8×8 點矩陣 LED |
| 3 | IC1 | 1 | 74LS137 |
| 4 | IC2 | 1 | 74LS244 |

程式設計(一)

| 行號 | 程式敘述 | 註解 |
|------|----------|------|
| 0 | char led[8][9] = { | //定義顯示"A"陣列 |
| 1 | {5, 3, 4, 5, 6, 7}, | //C0:有 5 個 LED 亮,分別為 R3,R4,R5,R6,R7 |
| 2 | {2, 2, 5}, | //C1:有 2 個 LED 亮,分別為 R2,R5 |
| 3 | {2, 1, 5}, | //C2:有 2 個 LED 亮,分別為 R1,R5 |

```
4    {2, 0, 5},                      //C3:有2個LED亮,分別為R0,R5
5    {2, 0, 5},                      //C4:有2個LED亮,分別為R0,R5
6    {2, 1, 5},                      //C5:有2個LED亮,分別為R1,R5
7    {2, 2, 5},                      //C6:有2個LED亮,分別為R2,R5
8    {5, 3, 4, 5, 6, 7} };           //C7:有5個LED亮,分別為R3,R4,R5,R6,R7
9    #define ls138_A0  8             //74LS138的pin A接到Arduino之pin 8
10   #define ls138_A1  9             //74LS138的pin B接到Arduino之pin 9
11   #define ls138_A2  10            //74LS138的pin C接到Arduino之pin 10
12
13   void scan(int x){               //掃描副程式開始
14     switch (x){
15   case 0:                         //掃描C0
16     digitalWrite(ls138_A0,LOW);   //74LS138之輸入端A2 A1 A0= 0 0 0
17     digitalWrite(ls138_A1,LOW);
18     digitalWrite(ls138_A2,LOW);
19     break;
20   case 1:                         //掃描C1
21     digitalWrite(ls138_A0,HIGH);  //74LS138之輸入端A2 A1 A0= 0 0 1
22     digitalWrite(ls138_A1,LOW);
23     digitalWrite(ls138_A2,LOW);
24     break;
25   case 2:                         //掃描C2
26     digitalWrite(ls138_A0,LOW);   //74LS138之輸入端A2 A1 A0= 0 1 0
27     digitalWrite(ls138_A1,HIGH);
28     digitalWrite(ls138_A2,LOW);
29     break;
```

```
30  case 3:                              //掃描 C3
31    digitalWrite(ls138_A0,HIGH);  //74LS138 之輸入端 A2 A1 A0= 0 1 1
32    digitalWrite(ls138_A1,HIGH);
33    digitalWrite(ls138_A2,LOW);
34    break;
35  case 4:                              //掃描 C4
36    digitalWrite(ls138_A0,LOW);   //74LS138 之輸入端 A2 A1 A0= 1 0 0
37    digitalWrite(ls138_A1,LOW);
38    digitalWrite(ls138_A2,HIGH);
39    break;
40  case 5:                              //掃描 C5
41    digitalWrite(ls138_A0,HIGH);  //74LS138 之輸入端 A2 A1 A0= 1 0 1
42    digitalWrite(ls138_A1,LOW);
43    digitalWrite(ls138_A2,HIGH);
44    break;
45  case 6:                              //掃描 C6
46    digitalWrite(ls138_A0,LOW);   //74LS138 之輸入端 A2 A1 A0= 1 1 0
47    digitalWrite(ls138_A1,HIGH);
48    digitalWrite(ls138_A2,HIGH);
49    break;
50  default :                            //掃描 C
51    digitalWrite(ls138_A0,HIGH);  //74LS138 之輸入端 A2 A1 A0= 1 1 1
52    digitalWrite(ls138_A1,HIGH);
53    digitalWrite(ls138_A2,HIGH);
54  }                                    //Switch 敘述結束
55  }                                    //scan()結束
```

```
56
57  void led_dark(){                              //led_dark()開始
58    int i;
59    for(i=0;i<=7;i++)                           //資料碼全為 0 使 LED 全滅
60    digitalWrite(i,LOW);
61  }                                             //led_dark()結束
62
63  void setup(){
64    int i ;
65    for(i=0;i<=10;i++)                          //設定 Arduino 的 pin 0, 1, 2, 3, 4, 5,
                                                     6, 7, 8, 9, 10
66    pinMode(i,OUTPUT);                          //為輸出
67    led_dark();
68  }
69
70  void loop(){                                  //loop()開始
71  int i,j,z ;
72  for(i=0;i<=7;i++){                            //C0～C7 掃描
73    led_dark();
74    scan(i);                                    //送出掃描碼
75    z=led[i][0];                                //取的 i 行之 LED 亮的個數
76    for(j=1;j<=z;j++)                           //點亮 i 行之 LED
77
    digitalWrite(led[i][j],HIGH);
78  }                                             //for 迴圈結束
79  }                                             //loop()結束
```

程式設計(二)

| 行號 | 程式敘述 | 註解 |
|---|---|---|
| 0 | unsigned char LED[8]={0xf8,0x24,0x22, | |
| 1 | 0x21,0x21,0x22,0x24,0xf8}; | |
| 2 | | |
| 3 | void setup(){ | //set PORT B as output (Pin 8-13 is PORTB ) |
| 4 | DDRB = 0xff ; | //set PORT D as output |
| 5 | DDRD = 0xff ; | //(Pin 0-7 is PORTD ) |
| 6 | } | |
| 7 | | |
| 8 | void loop(){ | //loop()開始 |
| 9 | unsigned char i; | |
| 10 | for(i=0;i<=7;i++){ | //分別掃描 C0～C7 |
| 11 | PORTD = 0x00 ; | //LED 滅 |
| 12 | PORTB = i; | //送出掃描碼到 PORT |
| 13 | PORTD =LED[i]; | //送出資料碼到 PORTD |
| 14 | } | //for 迴圈結束 |
| 15 | } | //loop()結束 |

練習

**選擇題**

(　　)1. 74LS138 屬於何種 IC？　(A)解碼器　(B)編碼器　(C)緩衝器　(D)以上皆非。

(　　)2. 74LS244 屬於何種 IC？　(A)輸出為三態　(B)有 8 個非反相緩衝器　(C)$V_{CC}$為 5V　(D)以上皆是。

(　　)3. 74LS138 的控制端 $E_3E_2E_1$ 為 100，輸入端 $A_2A_1A_0$ 為 010，那一輸出端為 0？

(A)$C_0$　(B)$C_1$　(C)$C_2$　(D)$C_3$　(E)以上皆非。

(　　)4. 74LS138 的控制端 $E_3E_2E_1$ 為 010，輸入端 $A_2A_1A_0$ 為 011，那一輸出端為 0？

(A)$C_0$　(B)$C_1$　(C)$C_2$　(D)$C_3$　(E)以上皆非。

(　　)5. 74LS244 的 1G 接腳為 0 時，當 1A1 輸入端為 0，則輸出端 1Y1 為何？

(A)0　(B)1　(C)高阻抗　(D)以上皆非。

(　　)6. 74LS244 的 1G 接腳為 0 時，當 1A1 輸入端為，則輸出端 1Y1 為何？

(A)0　(B)1　(C)高阻抗　(D)以上皆非。

(　　)7. 74LS244 的 1G 接腳為 1 時，當 1A1 輸入端為，則輸出端 1Y1 為何？

(A)0　(B)1　(C)高阻抗　(D)以上皆非。

(　　)8. 本實驗中，資料碼為 0x55，掃描碼為 0x04，則點亮的 LED 為

(A)$C_3$ 的 $R_0$, $R_2$, $R_4$, $R_6$　(B)$C_4$ 的 $R_0$, $R_2$, $R_4$, $R_6$　(C)$C_4$ 的 $R_1$, $R_3$, $R_4$, $R_6$

(D)$C_3$ 的 $R_1$, $R_3$, $R_4$, $R_6$。

(　　)9. 本實驗中，資料碼為 0x22，掃描碼為 0x06，則點亮的 LED 為

(A)C5 的 $R_2$, $R_4$　(B)$C_6$ 的 $R_1$, $R_4$　(C)$C_5$ 的 $R_1$, $R_5$　(D)$C_6$ 的 R1, $R_5$。

(　　)10.本實驗中，資料碼為 0x81，掃描碼為 0x00，則點亮的 LED 為

(A)$C_0$ 的 $R_7$, $R_1$　(B)$C_0$ 的 $R_7$, $R_2$　(C)$C_0$ 的 $R_7$, $R_0$　(D)$C_0$ 的 $R_6$, $R_0$。

## 問答題

1. 請寫出 "B" 的資料碼？

2. 請寫出 74LS138 的真值表？

3. 請劃出 8x8 點矩陣顯示器之的內部結構？

4. 請劃出 74LS138 之的接腳圖？

5. 請劃出 74LS244 之的接腳圖？

## 實作題

1. 撰寫一個程式顯示 0～9。

## 實驗 9-3　4 位數七段顯示器掃描顯示實驗(數字 0～9999)

目的 ▶ 了解 Arduino 使用掃描四顆七段顯示器來顯示四位數字,並用計數累加程式來顯示 0～9999。

功能 ▶ 數字 0～9999 使用四顆在一起的七段顯示器,即四位數七段顯示器如圖 9-3-1 來顯示,由 Arduino 第 2～9 隻數位接腳完成控制四位數的七段顯示器的八顆 LED(七個段和一個小數點)顯示 0～9 數字,並用第 10～13 隻數位接腳接上四顆七段顯示器的共陰極來完成四位數字掃描,使能顯示四位數字,每個七段顯示器的數字停留 2ms,每次顯示四位數字的時間為掃描 50 次的時間,公式計算為為 2*4*50ms=400ms,所以顯示每一個四位數字的時間為 0.4 秒鐘,程式用計數累加 1 來順序產生 0～9999 共 10000 個四位數字,輸出到四個共陰極七段顯示器加上 8 個 220Ω 限流電阻,在 Arduino 數位輸出高電位,共陰極為低電位時,點亮該段 LED 燈,順序掃描四個數字,如此循環下去從 0 顯示到 9999,並一直重覆顯示。

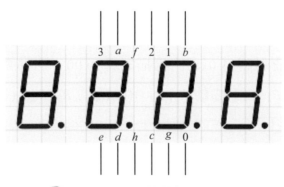

◎ 圖 9-3-1　四位數七段顯示器

原理 ▶ 要顯示四位數字的七段顯示器,使用掃描可讓接腳使用數減少,但要用視覺暫留效應,更新畫面速率為每秒要超過 60 次,就不會產生閃爍,每次掃描四位數字要小於 1/60 秒,即約 16.7ms,所以本實驗設計一個七段顯示器只停留 2ms,掃描四個七段顯示器要 8ms,也就是更新畫面速率為每秒 250 次,每次顯示四位數要重覆掃描 50 次,讓四位數字顯示停留 0.4 秒,再加 1 後顯示下一個數字,即能顯示四位數字 0～9999。

電路 Arduino 開發板上的第 2～9 隻數位接腳藉由八個 220Ω 來連接七段顯示器的七個段和一個小數點，七個段分別為 *a, b, c, d, e, f, g* 而小數點為 dp，第 10～13 隻數位接腳接上四顆七段顯示器的共陰極為四個共同端(0, 1, 2, 3)的控制接腳，設計成顯示四位數字 0～9999 的電路，如圖 9-3-2 所示。

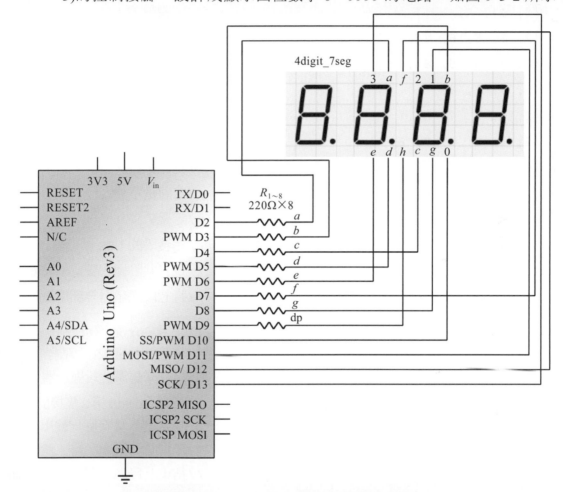

◉ 圖 9-3-2 四位數七段顯示器掃描顯示電路

元件

| 編號 | 元件項目 | 數量 | 元件名稱 |
|------|----------|------|----------|
| 1 | Arduino UNO | 1 | Arduino 開發板 |
| 2 | 4digit_7seg | 1 | 四位數七段顯示器 |
| 3 | $R_1$ | 8 | 220 Ω 電阻 |

程式

4d_0_9999

| 行號 | 程式敘述 | 註解 |
|---|---|---|
| 1 | `int led_num[10][7]={{2, 3, 4, 5, 6, 7},` | //定義數字 0 |
| 2 | `{3, 4},` | //定義數字 1 |
| 3 | `{2, 3, 5, 6, 8},` | //定義數字 2 |
| 4 | `{2, 3, 4, 5, 8},` | //定義數字 3 |
| 5 | `{3, 4, 7, 8},` | //定義數字 4 |
| 6 | `{2, 4, 5, 7, 8},` | //定義數字 5 |
| 7 | `{2, 4, 5, 6, 7, 8},` | //定義數字 6 |
| 8 | `{2, 3, 4},` | //定義數字 7 |
| 9 | `{2, 3, 4, 5, 6, 7, 8},` | //定義數字 8 |
| 10 | `{2, 3, 4, 5, 7, 8}};` | //定義數字 9 |
| 11 | `int segment;` | //定義段的 LED 腳位編號變數 |
| 12 | `int com0_3;` | //定義共陰極的腳位編號變數 |
| 13 | `void led_dark(){` | //將七段顯示器全部熄滅副程式 |
| 14 | `for(segment=2;segment<=9;segment++)` | //使用 for 迴圈，控制 Arduino 第 3 隻接腳依序控制到第 9 隻接腳來熄滅七段顯示器 |
| 15 | `digitalWrite(segment,LOW);` | //將Arduino第2隻接腳依序控制到第 9 隻接腳均輸出 HIGH 來熄滅七段顯示器 |
| 16 | `}` | //結束七段顯示器全部熄滅副程式 |
| 17 | `void one_digit_disp(byte num){` | //顯示一個數字的七段顯示器函數 |
| 18 | `for(segment=0;segment<7;segment++)` | //使用 for 迴圈，讀取顯示七段顯示器 a～g 和 dp 的每一數字的矩陣資料 |
| 19 | `digitalWrite(led_num[num][segment],HIGH);` | //將讀取顯示七段顯示器每一段的每一數字接腳設定為 HIGH |

| 20 | `    }` | //結束一個數字的七段顯示器函數 |
|---|---|---|
| 21 | `void four_digit_disp(int number){` | //顯示四位數七段顯示器的函數 |
| 22 | `com0_3=10;` | //顯示個位數，將共陰極編號 0 設定由 Arduino 第 10 隻接腳輸出控制 |
| 23 | `digitalWrite(com0_3,LOW);` | //顯示個位數時將接腳輸出設定為 LOW |
| 24 | `one_digit_disp(number%10);` | //顯示 number 的個位數，將 number 除 10 的餘數即為個位數，呼叫一個數字的七段顯示器函數來顯示 |
| 25 | `delay(2);` | //每一個七段顯示器顯示一個數字 2 毫秒(2ms) |
| 26 | `led_dark();` | //呼叫 LED 全部熄滅副程式，將七段顯示器 LED 熄滅來更新數字 |
| 27 | `digitalWrite(com0_3,HIGH);` | //接著顯示十位數前，將共陰極編號 0 設定為 HIGH，即不顯示個位數 |
| 28 | `if(number>9){` | //四位數字 number 比 9 大，即 10 以上才顯示十位數： |
| 29 | `com0_3=11;` | //顯示十位數，將共陰極編號 1 設定由 Arduino 第 11 隻接腳輸出控制 |
| 30 | `digitalWrite(com0_3,LOW);` | //顯示十位數時將接腳輸出設定為 LOW |
| 31 | `one_digit_disp((number/10)%10);` | //顯示 number 的十位數，將 number 除 10 後再除 10 的餘數即為十位數，呼叫一個數字的七段顯示器函數來顯示 |
| 32 | `delay(2);` | //每一個七段顯示器顯示一個數字 2 毫秒(2ms) |

| 33 | `led_dark();` | //呼叫 LED 全部熄滅副程式，將七段顯示器 LED 熄滅來更新數字 |
|---|---|---|
| 34 | `digitalWrite(com0_3,HIGH);}` | //接著顯示百位數前，將共陰極編號 1 設定為 HIGH，即不顯示個位數 |
| 35 | `if(number>99){` | //四位數字 number 比 99 大，即 100 以上才顯示百位數： |
| 36 | `com0_3=11;` | //顯示十位數，將共陰極編號 1 設定由 Arduino 第 11 隻接腳輸出控制 |
| 37 | `digitalWrite(com0_3,LOW);` | //顯示十位數時將接腳輸出設定為 LOW |
| 38 | `one_digit_disp((number/10)%10);` | //顯示 number 的十位數，將 number 除 10 後再除 10 的餘數即為十位數，呼叫一個數字的七段顯示器函數來顯示 |
| 39 | `delay(2);` | //每一個七段顯示器顯示一個數字 2 毫秒 (2ms) |
| 40 | `led_dark();` | //呼叫 LED 全部熄滅副程式，將七段顯示器 LED 熄滅來更新數字 |
| 41 | `digitalWrite(com0_3,HIGH);}` | //接著顯示百位數前，將共陰極編號 1 設定為 HIGH，即不顯示十位數 |
| 42 | `if(number>99){` | //四位數字 number 比 99 大，即 100 以上才顯示百位數： |
| 43 | `com0_3=12;` | //顯示百位數，將共陰極編號 2 設定由 Arduino 第 12 隻接腳輸出控制 |
| 44 | `digitalWrite(com0_3,LOW);` | //顯示百位數時將接腳輸出設定為 LOW |

| 45 | `one_digit_disp((number/100)%10);` | //顯示 number 的百位數,將 number 除 100 後再除 10 的餘數即為百位數,呼叫一個數字的七段顯示器函數來顯示 |
|---|---|---|
| 46 | `delay(2);` | //每一個七段顯示器顯示一個數字 2 毫秒(2ms) |
| 47 | `led_dark();` | //呼叫 LED 全部熄滅副程式,將七段顯示器 LED 熄滅來更新數字 |
| 48 | `digitalWrite(com0_3,HIGH);}` | //接著顯示千位數前,將共陰極編號 2 設定為 HIGH,即不顯示百位數 |
| 49 | `if(number>999){` | //四位數字 number 比 999 大,即 1000 以上才顯示千位數: |
| 50 | `com0_3=13;` | //顯示千位數,將共陰極編號 3 設定由 Arduino 第 12 隻接腳輸出控制 |
| 51 | `digitalWrite(com0_3,LOW);` | //顯示千位數時將接腳輸出設定為 LOW |
| 52 | `one_digit_disp((number/100)%10);` | //顯示 number 的千位數,將 number 除 1000 後再除 10 的餘數即為千位數,呼叫一個數字的七段顯示器函數來顯示 |
| 53 | `delay(2);` | //每一個七段顯示器顯示一個數字 2 毫秒(2ms) |
| 54 | `led_dark();` | //呼叫 LED 全部熄滅副程式,將七段顯示器 LED 熄滅來更新數字 |
| 55 | `digitalWrite(com0_3,HIGH);}}` | //接著顯示個位數前,將共陰極編號 3 設定為 HIGH,即不顯示千位數 |
| 56 | `}` | //結束顯示四位數七段顯示器的函數 |

| 57 | `void setup(){` | //只會執行一次的程式初始式數 |
|----|----------------|------------------------------|
| 58 | `for(segment=2;segment<=13;segment++)` | //使用 for 迴圈，設定 Arduino 第 2 隻接腳依序到第 13 隻接腳 |
| 59 | `pinMode(segment,OUTPUT);` | //規劃七段顯示器的 8 個段和 4 個共陰極控制接腳為輸出模式 |
| 60 | `for(com0_3=10;com0_3<=13;com0_3++)` | //使用 for 迴圈，設定共陰極驅動電壓 |
| 61 | `digitalWrite(com0_3,HIGH);` | //設定共陰極驅動電壓為 HIGH，為初始狀態，四位數字不顯示 |
| 62 | `}` | //結束 setup() 函式 |
| 63 | `void loop(){` | //永遠周而復始的主控制函式 |
| 64 | `led_dark();` | //呼叫 led_dark() 將七段顯示器全部熄滅 |
| 65 | `for(int disp_num=0 ;disp_num<10000;disp_num++){` | //使用 for 迴圈來完成重覆顯示 0～9999 數字。 |
| 66 | `for(int repeat=0;repeat<50;repeat++){` | //使用 for 迴圈來完成重覆顯示四位數字 50 次，使每一個數字顯示時間為 0.4 秒鐘。 |
| 67 | `four_digit_disp(disp_num);}` | //呼叫顯示四位數七段顯示器的函數來顯示四位數字 |
| 68 | `}` | //結束 loop() 函式 |

説明 4d_0_9999.ino 是用掃描四位數字七段顯示器來顯示 0～9999 的四位數字的韌體程式，圖 9-3-3 是本程式的主要控制流程，程式開始先寫用矩陣查表法設定七段顯示器的七個段和小數點，可顯示的一個數字函數(0～9)，並用掃描四個七段顯示器的共陰極來顯示四位數的函數(0～9999)，一開始規劃七段顯示器的 8 個段和 4 個共陰極控制接腳為輸出模式，設定共陰極驅動電壓為 HIGH，讓四位數字不顯示，進入無窮迴圈後，先讓 LED 熄滅全部熄滅，接著使用 for 迴圈每次加 1 來完成重覆顯示 0～9999 數字，在掃描顯示尚，每個四位數顯示 8ms，使 1 秒可掃描一個四位數字

250 次,而不會有數字閃爍現象,因顯示不同數字須停留 0.1 秒以上,眼睛才能分辨出數字,所以程式在每一個四位數字顯示上再用 for 迴圈來重覆顯示四位數字 50 次,使每一個數字顯示時間為 0.4 秒鐘,再切換到下一個四位數字。

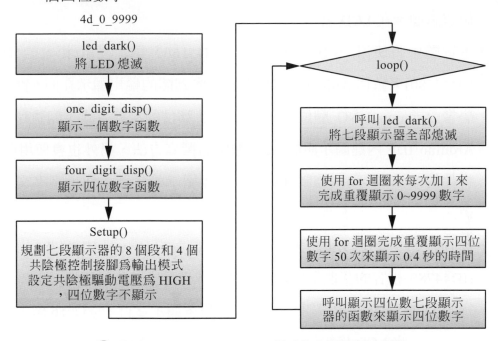

◎ 圖 9-3-3　4d_0_9999.ino 程式的主要控制流程圖

練習

1. 利用 Arduino 輸出埠控制掃描四位數字七段顯示器設計一個 00 分 00 秒 (0000)到 99 分 99 秒(9999)顯示器。

2. 請利用 Arduino 的類比輸入 A0 量測電壓和輸出埠控制掃描三位數字七段顯示器設計一個可顯示 0.00V 到 5.00V 的電壓表。

## 實驗 9-4　LCD 顯示控制實驗(2X16 文數字型顯示模組)

目的　了解如何將 2×16 文數字型 LCD 顯示模組連接到 Arduino UNO 開發板；學習如何撰寫 Arduinod 控制程式來驅動 LCD 顯示模組，並將文字與數值資訊顯示在 LCD 上。

功能　本實驗中將使用 2×16 文數字型 LCD 1602 顯示模組(相容於 Hitachi HD44780)來做爲 Arduino UNO 開發板內韌體的輸出顯示介面。實驗中會學習 Arduino UNO 腳位與 LCD 1602 腳位的接線方式、韌體程式使用 Arduino IDE 內建函示庫的 LCD 類別的撰寫方法，另外也會使用此 LCD 物件的方法(函示)來控制 LCD 上游標顯示的位置並顯示字串文字與數值。

原理　2×16 文數字型 LCD 顯示模組可選用很普遍的 Hitachi HD44780 模組或與 HD44780 相容的其他市售模組，例如本實驗中將使用購自一般電子材料行的 LCD 1602 顯示模組。LCD 1602 最多顯示 2 行、每行 16 個半型文字或數字。此 LCD 模組總共有 16 支硬體接腳，圖 9-4-1 爲 LCD 顯示器實體圖和電路接腳圖，而表 9-4-1 爲 LCD 模組的 16 支腳位功能說明。

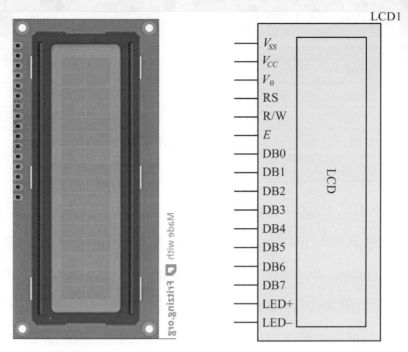

◎ 圖 9-4-1　LCD 1602 顯示模組實體圖和電路接腳圖

◎ 表 9-4-1　LCD 1602 顯示模組 16 支腳位功能說明

| 腳位編號 | 腳位名稱 | 腳位說明 |
|---|---|---|
| 1 | $V_{SS}$ | 接地(0V) |
| 2 | $V_{DD}$ | 電源(5V) |
| 3 | $V_0$ | 對比(0-5V)，可接一顆 1kΩ 電阻，或利用可變電阻調整適當的螢幕亮度對比 |
| 4 | RS | Register Select：<br>1：D0 – D7 當作資料解釋<br>0：D0 – D7 當作指令解釋 |
| 5 | R/W | Read/Write mode：<br>1：從 LCD 讀取資料 0：寫資料到 LCD<br>因為很少從 LCD 這端讀取資料，所以可將此腳位接地以節省 I/O 腳位。 |
| 6 | E | 啟用 |
| 7 | D0 | Bit0(LSB) |
| 8 | D1 | Bit1 |
| 9 | D2 | Bit2 |
| 10 | D3 | Bit3 |

| 腳位編號 | 腳位名稱 | 腳位說明 |
|---|---|---|
| 11 | D4 | Bit4 |
| 12 | D5 | Bit5 |
| 13 | D6 | Bit6 |
| 14 | D7 | Bit7(MSB) |
| 15 | LED+ | 背光(串接 330R 電阻到電源) |
| 16 | LED- | 背光 |

Arduino IDE 內建<LiquidCrystal.h>函式庫以支援 LCD 顯示器的驅動程式，此函式庫的 lcd 類別可定義 Byte 或 Nibble(4-bits)存取模式，如果以 lcd(rs, enable, d0, d1, d2, d3, d4, d5, d6, d7)來建構 LCD 物件則 Arduino UNO 是使用 Byte 存取模式，亦即需使用到 10 支 IO 腳位來輸出指令或資料，這會佔用較多 IO 腳位。如果改以 lcd(rs, enable, d4, d5, d6, d7)來建構 LCD 物件則 Arduino UNO 是使用 Nibble 存取模式，亦即只需使用到 6 支 IO 腳位，Arduino UNO 會將指令與資料分成 2 個 Nibble 來輸出，這可以省下 4 支 IO 腳位轉用於其他 IO 控制之用。

電路 圖 9-4-2 是 Arduino UNO 使用 6 支 IO 腳位接到 LCD 1602 顯示模組的接腳圖。圖中 Arduino UNO 開發板上的第(2, 3, 4, 5, 6, 7)支數位接腳對應連接到 LCD 1602 顯示模組的第(4, 6, 11, 12, 13, 14)支接腳，Arduino UNO 透過 lcd(2, 3, 4, 5, 6, 7)物件初始化函式來定義兩者間的對應關係。LCD 顯示模組的第 1 支接腳和第 5 支 R/W 接腳一起接電源地端，以設定 LCD 顯示器只有寫入功能。電源(+5V)接到 LCD 顯示模組的第 2 支接腳，第 3 支接腳則經一顆 1kΩ 電阻接到地端，以得到適當的螢幕亮度對比。Arduino UNO 對應 LCD 1602 顯示模組的實體接腳電路圖則如圖 9-4-3 所示。

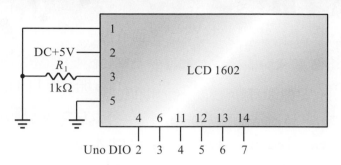

◎ 圖 9-4-2　Arduino Uno 對應 LCD 1602 顯示模組的接腳圖

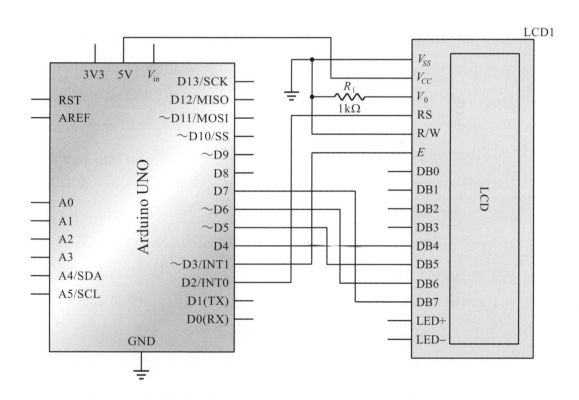

◎ 圖 9-4-3　Arduino Uno 對應 LCD 1602 顯示模組的實體接腳電路圖

元件

| 編號 | 元件項目 | 數量 | 元件名稱 |
|---|---|---|---|
| 1 | Arduino UNO | 1 | Arduino 開發板 |
| 2 | LCD1602 | 1 | 16×2 文字型 LCD 顯示器 |
| 3 | $R_1$ | 1 | 1kΩ 電阻 |

程式

Uno_LCD

| 行號 | 程式敘述 | 註解 |
|------|----------|------|
| 1 | //Uno_LCD | //Uno 開發板上的 LCD 顯示程式 |
| 2 | #include <LiquidCrystal.h> | //納入 LCD 顯示模組的驅動函式庫 |
| 3 | LiquidCrystal lcd(2,3,4,5,6,7); | //定義 LCD 物件對應 Arduino 的腳位 LiquidCrystal(rs, enable, d4, d5, d6, d7) |
| 4 | void setup(){ | //只會執行一次的程式初始函式 |
| 5 | lcd.begin(16,2); | //初始化 LCD 物件的格式為 16 字、2 行 |
| 6 | } | //結束 setup() 函式 |
| 7 | void loop(){ | //永遠周而復始的主控制函式 |
| 8 | lcd.clear(); | //清除 LCD 螢幕 |
| 9. | lcd.setCursor(0,0); | //游標設到 LCD 第 1 字、第 1 行 |
| 10 | lcd.print("Hello World!"); | //LCD 顯示出字串"Hello World!" |
| 11 | lcd.setCursor(0,1); | //游標設到 LCD 第 1 字、第 2 行 |
| 12 | lcd.print("I am LCD "); | //LCD 顯示出字串"I am LCD " |
| 13 | lcd.print(1620); | //LCD 接著顯示出數值 1620 |
| 14 | } | //結束 loop() 函式 |

說明 Uno_LCD.ino 必須納入 LCD 函式庫的標頭檔<LiquidCrystal.h>以驅動 LCD 顯示模組,使用 lcd(2,3,4,5,6,7)建構函式來定義 LCD 物件對應 Arduino 的腳位與 Nibble 輸出控制模式,初始化方法 lcd.begin(16,2)則將 LCD 物件格式為 16 字、2 行,lcd.clear()方法會清除 LCD 螢幕上原有的 顯示內容,lcd.setCursor(X,Y)方法將標移至第 Y 行的第 X 字位置, lcd.print()方法將字串或數值輸出到目前游標所在位置。程式執行流程如 圖 9-4-4 所示。

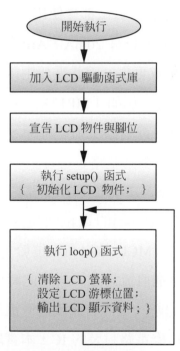

◎ 圖 9-4-4　顯示控制程式 Uno_LCD.ino 的流程圖

練習 試著利用 Arduino Uno 和 LCD 1620 顯示模組來發展一只倒數計時器,倒 數計時器使用兩顆按鈕來分別設定分鐘和秒鐘,另使用第三顆按鈕來啓 動與暫停倒數計時,長按(2 秒以上)啓動/暫停按鈕將會停止倒數計時並清 除 LCD 內容,以便重新設定倒數計時所需的分鐘和秒鐘。

## 實驗 9-5　直流馬達正反轉／轉速控制實驗

目的 ▶ 瞭解直流馬達的工作原理及程式控制方法

功能 ▶ 本實驗使用直流馬達驅動 IC(L298N)控制馬達正反轉及轉速。程式(一)中的動作為正轉 1 分鐘、停止 0.5 分鐘，再反轉 1 分鐘，重覆執行。程式(二)中是以 PWM(Pulse Width Modulation)的方式控制直流馬達的轉速，其動作為由停止慢慢加速到最快，再由最快減速到停止。

原理 ▶ 使用 MCU 去控制大電流之負載都會使用到電流放大電路，主要原因是一般 MCU 的電流輸出大約只有 20mA，Arduino 也是，甚至目前講求低功耗的 MCU 只有 8mA 或更少，因此需要由兩個電晶體組成的電路「達靈頓電路」來做電流放大，例如「TIP12X」系列即為達靈頓電路 IC，但這類電晶體只能單一方向控制直流馬達轉動，如果要改變轉動方向，就必須要能改變電流流向之驅動電路，這時就要用到所謂「H Bridge」，也就是俗稱的「H 橋」電路，H 橋就是由四個電晶體組成，如圖 9-5-1 所示，由 MCU 輸入到基極(Base)的電位決定電晶體集極(Collector)與射極(Emitter)是否導通，當 MCU 輸出高電位於 $Q_1$、$Q_4$ 的基極時 $Q_1$ 和 $Q_4$ 會導通，電流從左側流進直流馬達，假設此時直流馬達的轉動為正轉。反之，當 $Q_2$ 和 $Q_3$ 導通時，電流右側流進直流馬達，直流馬達的轉動會為反轉。市面上有將 H 橋電路封裝的 IC，本實驗是使用市售直流馬達控制模組，如圖 9-5-2 所示，其直流馬達驅動 IC 為 L298N，如圖 9-5-3 所示，其電路結構是將兩個 H 橋電路封裝成一個 IC 的產品。L298N 直流馬達控制模組電路圖，如圖 9-5-4 所示。L298N 直流馬達控制模組有兩個 H 橋電路，可控制兩個直流馬達，控制真值表如表 9-5-1、表 9-5-2 所示。

注意：MCU 的供電與馬達的供電建議要分開，才不會發生電流不穩定造成 MCU 當機的情況，要記得將 MCU 的電源接地腳與馬達電源的接地腳共接！

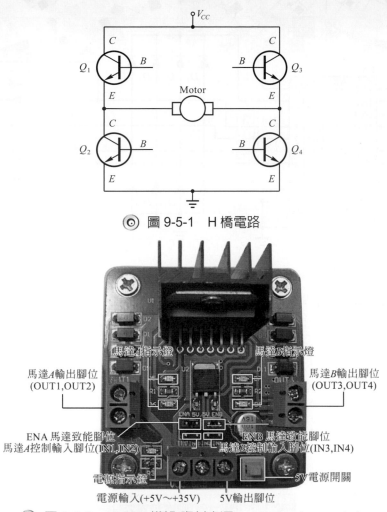

◎ 圖 9-5-1　H 橋電路

◎ 圖 9-5-2　L298N 模組(資料來源：www.buyic.com.tw)

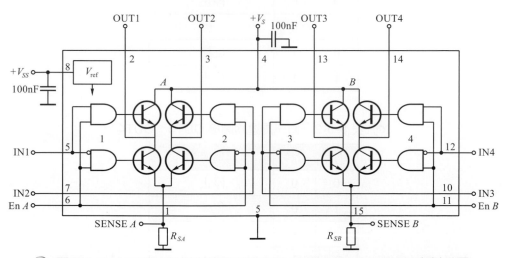

◎ 圖 9-5-3　L298N 電路結構圖(資料來源：STMicroelectronics 資料手冊)

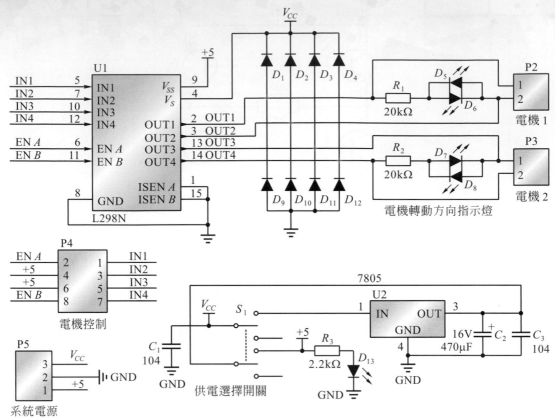

◎ 圖 9-5-4　L298N 模組電路圖(資料來源：www.buyic.com.tw)

◎ 表 9-5-1　直流馬達兩端接 OUT1、OUT2

| IN1 | IN2 | 直流馬達動作 |
|-----|-----|------------|
| 0 | 0 | 停止 |
| 1 | 0 | 正轉 |
| 0 | 1 | 反轉 |
| 1 | 1 | 停止 |

◎ 表 9-5-2　直流馬達兩端接 OUT3、OUT4

| IN3 | IN4 | 直流馬達動作 |
|-----|-----|------------|
| 0 | 0 | 停止 |
| 1 | 0 | 正轉 |
| 0 | 1 | 反轉 |
| 1 | 1 | 停止 |

電路圖

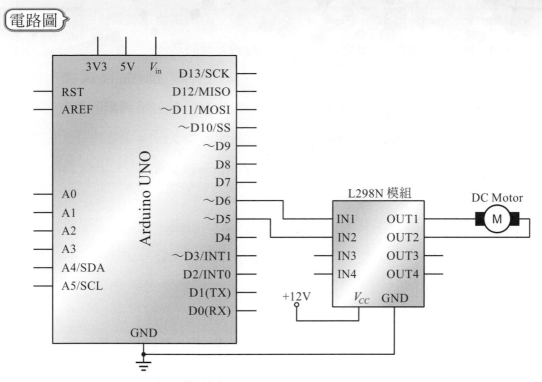

圖 9-5-5　直流馬達控制電路圖

主要元件

| 編號 | 元件項目 | 數量 | 元件名稱 |
|---|---|---|---|
| 1 | Arduino | 1 | Arduino UNO |
| 2 | 直流馬達 | 1 | 直流馬達(12V) |
| 3 | L298N 模組 | 1 | L298N 模組 |

程式設計(一)：正轉/反轉控制

```
/*   Input for motorA:
     IN1       IN2                       Action
     LOW       LOW                       Motor Stop
     HIGH      LOW                       Motor moves forward
     LOW       HIGH                      Motor moves backward
     HIGH      HIGH                      Motor Stop  */
```

| 行號 | 程式敘述 | 註解 |
|---|---|---|

```
1    const int motorIn1 = 6;              //設定直流馬達控制腳位為 Pin 5
```

```
2    const int motorIn2 = 5;              //設定直流馬達控制腳位為 Pin 6

3    const int DELAY = 1000;              //設定延時時間

4    void setup(){                        //setup()開始

5    pinMode(motorIn1, OUTPUT);           //設定腳位 Pin 5 為輸出

6      pinMode(motorIn2, OUTPUT);         //設定腳位 Pin 6 為輸出

7    }                                    //setup()結束

8

9    void loop(){                         //loop()開始

10     forward();                         //直流馬達正轉

11     delay(DELAY);

12     motorstop();                       //直流馬達停止

13     delay(500);

14     backward();                        //直流馬達反轉

15     delay(DELAY);

16     motorstop();                       //直流馬達停止

17     delay(500);

18   }                                    //loop()結束

19   void motorstop(){                    //直流馬達停止副程式

20     digitalWrite(motorIn1, LOW);   //Pin 5 = LOW

21     digitalWrite(motorIn2, LOW);   //Pin 6 = HIGH

22   }

23   void forward(){                      //直流馬達正轉副程式

24     digitalWrite(motorIn1, HIGH);  //Pin 5 = HIGH

25     digitalWrite(motorIn2, LOW);   //Pin 6 = LOW

26   }

27   void backward(){                     //直流馬達反轉副程式
```

```
28    digitalWrite(motorIn1, LOW);   //Pin 5 = LOW

29    digitalWrite(motorIn2, HIGH);  //Pin 6 = HIGH

30  }
```

程式設計(二)：轉速控制

```
/*    Input for motorA:
      IN1      IN2                     Action
      LOW      LOW                     Motor Stop
      HIGH     LOW                     Motor moves forward
      LOW      HIGH                    Motor moves backward
      HIGH     HIGH                    Motor Stop  */
```

| 行號 | 程式敘述 | 註解 |
|---|---|---|
| 1 | const int motorIn1 = 5; | //設定直流馬達控制腳位為 Pin 5 |
| 2 | const int motorIn2 = 6; | //設定直流馬達控制腳位為 Pin 6 |
| 3 | const int tt = 1000; | //設定延時時間 |
| 4 | void setup(){ | //setup()開始 |
| 5 | pinMode(motorIn1, OUTPUT); | //設定腳位 Pin 5 為輸出 |
| 6 | pinMode(motorIn2, OUTPUT); | //設定腳位 Pin 6 為輸出 |
| 7 | } | //setup()結束 |
| 8 | | |
| 9 | void loop(){ | //loop()開始 |
| 10 | int i ; | |
| 11 | digitalWrite(motorIn2, LOW); | |
| 12 | for(i=100;i<=255;i+=10){ | //直流馬達加速 |
| 13 | analogWrite(motorIn1,i); | |
| 14 | delay(tt); | |
| 15 | } | |
| 16 | for(i=255;i>=100;i-=10){ | //直流馬達減速 |

```
17        analogWrite(motorIn1,i);
18        delay(tt);
19    }
20    }                                    //loop()結束
```

練習

## 選擇題

( )1. 圖 9-5-1 H 橋電路中要使直流馬達轉動,下何者為眞? (A)$Q_1$ 及 $Q_2$:on, $Q_3$ 及 $Q_4$:off (B)$Q_1$ 及 $Q_3$:on,$Q_2$ 及 $Q_4$:off (C)$Q_3$ 及 $Q_4$:on,$Q_1$ 及 $Q_2$:off (D)$Q_1$ 及 $Q_4$:on,$Q_2$ 及 $Q_3$:off。

( )2. 上題中,假設直流馬達是正轉動,如果要反轉,下何者為眞? (A)$Q_1$ 及 $Q_2$:on,$Q_3$ 及 $Q_4$:off (B)$Q_1$ 及 $Q_3$:on,$Q_2$ 及 $Q_4$:off (C)$Q_3$ 及 $Q_4$:on,$Q_1$ 及 $Q_2$:off (D)$Q_2$ 及 $Q_3$:on,$Q_1$ 及 $Q_4$:off。

( )3. 直流馬達驅動 IC(L298N),可提供的電流為 (A)4A (B)3A (C)2A (D)1A。

( )4. 直流馬達驅動 IC(L298N),可提供直流馬達的電壓範圍為? (A)+5V～+35V (B)+10V～+50V (C)+5V～+12V (D)+12V～+24V。

## 問答題

1. 請畫出 H 橋電路?

2. 當直流馬達兩端接驅動 IC(L298N)的 OUT1、OUT2 時,則輸入端 IN1、IN2 的輸入值,會使直流馬達何種動作?

3. 何謂 PWM?

4. 為何 MCU 必須使用驅動 IC 控制直流馬達轉動?

## 實作題

1. 請接二個直流馬達,撰寫一個正轉一個反轉之程式。

2. 請撰寫一個反轉之加速及減速程式。

## 實驗 9-6 步進馬達正反轉／轉速控制實驗

目的 瞭解步進馬達的工作原理及程式控制方法

功能 本實驗分別以 1 相、2 相、1-2 相控制方法，完成步進馬達正反轉控制及轉速控制。

原理 步進馬達的基本構造可分為定子與轉子，當電流流過定子時，其產生的磁場推動轉子，使轉子轉動。一般小型步進馬達多為四相式，可分為四相 5 線、四相 6 線及四相 8 線式，如圖 9-6-1 所示。四相是指定子上有四組相對線圈，稱為 $A$、$B$、$\overline{A}$ 及 $\overline{B}$，各提供 90°的相位差，其接線如圖 9-6-2 所示。若步進馬達為單極磁式，則每接收一個脈衝訊號，就會走一步即為轉動一個角度，稱為步進角，通常為 1.8°或 0.9°等。

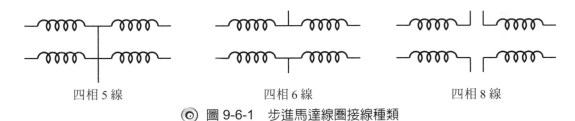

四相 5 線　　　　　　　四相 6 線　　　　　　　四相 8 線

◎ 圖 9-6-1　步進馬達線圈接線種類

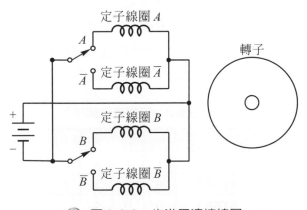

◎ 圖 9-6-2　步進馬達接線圖

四相式步進馬達定子線圈的激磁方式，會影響其轉動的角度及方向。其激磁的方式可以分成三種方式分別為一相激磁，二相激磁和一、二相激磁，分別如下描述：

1. 一相激磁：當脈衝訊號輸入後，四組線圈相位中只有一組相位激磁，即電流只通過其中一組線圈，每次激磁可轉動一個步進角，一相激磁如表 9-6-1 所示。當由 STEP 1 至 STEP 8 方向作激磁，步進馬達會順時針轉動，反之由 STEP 8 至 STEP 1 方向作激磁，步進馬達會逆時針轉動。此種激磁方式會有轉動時力矩小、振動大和易失步等缺點。

◎ 表 9-6-1　一相激磁順序

|  | A | B | $\overline{A}$ | $\overline{B}$ |
|---|---|---|---|---|
| STEP 1 | 1 | 0 | 0 | 0 |
| STEP 2 | 0 | 1 | 0 | 0 |
| STEP 3 | 0 | 0 | 1 | 0 |
| STEP 4 | 0 | 0 | 0 | 1 |
| STEP 5 | 1 | 0 | 0 | 0 |
| STEP 6 | 0 | 1 | 0 | 0 |
| STEP 7 | 0 | 0 | 1 | 0 |
| STEP 8 | 0 | 0 | 0 | 1 |

2. 二相激磁：當脈衝訊號輸入後，有二組相位激磁，即電流通過二組線圈，每次激磁可轉動一個步進角，其激磁表如表 9-6-2 所示。當由 STEP 1 至 STEP 8 方向作激磁，步進馬達會順時針轉動，反之由 STEP 8 至 STEP 1 方向作激磁，步進馬達會逆時針轉動。此種激磁方式會有轉動時力矩較大、振動小和不易失步。

◎ 表 9-6-2　二相激磁順序

|  | A | B | $\overline{A}$ | $\overline{B}$ |
|---|---|---|---|---|
| STEP 1 | 1 | 1 | 0 | 0 |
| STEP 2 | 0 | 1 | 1 | 0 |
| STEP 3 | 0 | 0 | 1 | 1 |
| STEP 4 | 1 | 0 | 0 | 1 |
| STEP 5 | 1 | 1 | 0 | 0 |
| STEP 6 | 0 | 1 | 1 | 0 |
| STEP 7 | 0 | 0 | 1 | 1 |
| STEP 8 | 1 | 0 | 0 | 1 |

3. 一、二相激磁：將上述二種激磁合併交互激磁，每次激磁可轉動半個步進角，其激磁表如表 9-6-3 所示。當由 STEP 1 至 STEP 8 方向作激磁，步進馬達會順時針轉動，反之由 STEP 8 至 STEP 1 方向作激磁，步進馬達會逆時針轉動。此種激磁方式會有轉動時較平滑，且振動的程度較低。

◎ 表 9-6-3　一、二相激磁順序

|  | A | B | $\overline{A}$ | $\overline{B}$ |
|---|---|---|---|---|
| STEP 1 | 1 | 0 | 0 | 0 |
| STEP 2 | 1 | 1 | 0 | 0 |
| STEP 3 | 0 | 1 | 0 | 0 |
| STEP 4 | 0 | 1 | 1 | 0 |
| STEP 5 | 0 | 0 | 1 | 0 |
| STEP 6 | 0 | 0 | 1 | 1 |
| STEP 7 | 0 | 0 | 0 | 1 |
| STEP 8 | 1 | 0 | 0 | 1 |

步進馬達的驅動電路，一般是採用高功率達寧頓電晶體如 TIP120、TIP122 或四個達寧頓電晶體組合的 FT5754，本實驗使用 ULN 2003，其接腳圖如 9-6-3 所示。

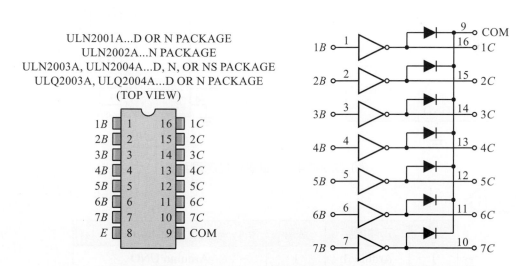

◎ 9-6-3　ULN 2003 接腳圖及內部邏輯電路(摘錄自德州儀器資料手冊)

程式設計(一)為一相激磁順時針轉動,程式設計(二)為二相激磁順時針轉動,程式設計(三)為一、二相激磁順時針轉動,程式設計(四)為使用 Stepper( )函數控制步進馬達正反轉動,其中 Stepper( )的用法:Stepper(int steps, pin1, pin2, pin3, pin4):定義轉一圈所需的步數,以及輸出的腳位。

Stepper. setSpeed(long rpms):設定步進馬達每分鐘轉速(RPMs),需為正數。這個函式並不會讓馬達轉動,只是設定好轉速,當呼叫 step( )函式時才會開始轉動。

Stepper.step(int steps):啟動馬達行進 steps 步數,正的表示一個方向,負數表示反方向。

電路圖

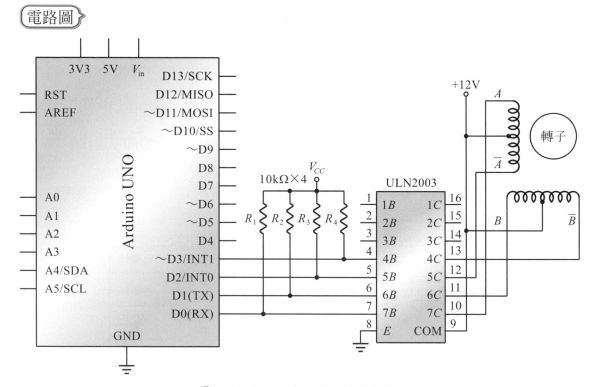

◎ 圖 9-6-4  步進馬達控制電路圖

主要元件

| 編號 | 元件項目 | 數量 | 元件名稱 |
|---|---|---|---|
| 1 | Arduino1 | 1 | Arduino UNO |
| 2 | 步進馬達 | 1 | 步進馬達(12V) |
| 3 | IC1 | 1 | ULN2003A |

程式設計(一)：一相激磁順時針轉動

| 行號程式敘述 | 註解 |
|---|---|
| 1   `#define A  0` | //A 相線圈接到 Arduino Pin 0 |
| 2   `#define B  1` | //B 相線圈接到 Arduino Pin 1 |
| 3   `#define A_BAR 2` | //Ā 相線圈接到 Arduino Pin 2 |
| 4   `#define B_BAR 3` | //B̄ 相線圈接到 Arduino Pin 3 |
| 5   `#define tt 20` | //轉速設定 |
| 6   `unsigned char run1_F[4]={A,B,A_BAR,B_BAR};` | //一相順時針激磁設定 |
| 7   `void stop1(){` | |
| 8     `digitalWrite(A,LOW);` | //A 相線圈不激磁 |
| 9     `digitalWrite(B,LOW);` | //B 相線圈不激磁 |
| 10   `digitalWrite(A_BAR,LOW);` | //Ā 相線圈不激磁 |
| 11   `digitalWrite(B_BAR,LOW);` | //B̄ 相線圈不激磁 |
| 12   `}` | |
| 13   `void setup(){` | |
| 14     `int i ;` | |
| 15   `for(i=0;i<=3;i++)` | //設定 Pin 0,1,2,3 為輸出 |
| 16     `pinMode(i,OUTPUT);` | |
| 17   `}` | |
| 18   `void loop(){` | |
| 19     `int i ;` | |
| 20   `for(i=0;i<=3;i++){` | //依 A，B，Ā，B̄ 一相激磁 |
| 21     `stop1();` | |
| 22     `digitalWrite(run1_F[i],HIGH);` | |
| 23     `delay(tt);` | |
| 24     `}` | |
| 25   `}` | |

程式設計(二)：二相激磁順時針轉動

| 行號 | 程式敘述 | 註解 |
|---|---|---|
| 1 | #define A 0 | //A 相線圈接到 Arduino Pin 0 |
| 2 | #define B 1 | //B 相線圈接到 Arduino Pin 1 |
| 3 | #define A_BAR 2 | //$\overline{A}$ 相線圈接到 Arduino Pin 2 |
| 4 | #define B_BAR 3 | //$\overline{B}$ 相線圈接到 Arduino Pin 3 |
| 5 | #define tt 20 | //轉速設定 |
| 6 | unsigned char run2_F[4][2]={{A,B} ,{B, A_BAR},{A_BAR,B_BAR},{B_BAR,A}}; | //二相順時針激磁設定 |
| 7 | | |
| 8 | void stop1(){ | |
| 9 | digitalWrite(A,LOW); | //A 相線圈不激磁 |
| 10 | digitalWrite(B,LOW); | //B 相線圈不激磁 |
| 11 | digitalWrite(A_BAR,LOW); | //$\overline{A}$ 相線圈不激磁 |
| 12 | digitalWrite(B_BAR,LOW); | //$\overline{B}$ 相線圈不激磁 |
| 13 | } | |
| 14 | void setup(){ | |
| 15 | int i ; | |
| 16 | for(i=0;i<=3;i++) | //設定 Pin 0,1,2,3 為輸出 |
| 17 | pinMode(i,OUTPUT); | |
| 18 | } | |
| 19 | void loop(){ | |
| 20 | int i,j ; | |
| 21 | for(i=0;i<=3;i++){ | //依 A，B，$\overline{A}$，$\overline{B}$ 二相激磁 |
| 22 | stop1(); | |
| 23 | for(j=0;j<=1;j++) | |
| 24 | digitalWrite(run2_F[i][j],HIGH); | |
| 25 | delay(tt); | |

| 26 | } | |
| 27 | } | |

程式設計(三)：一、二相激磁順時針轉動

| 行號 | 程式敘述 | 註解 |
|---|---|---|
| 1 | #define A 0 | //A 相線圈接到 Arduino Pin 0 |
| 2 | #define B 1 | //B 相線圈接到 Arduino Pin 1 |
| 3 | #define A_BAR 2 | //Ā 相線圈接到 Arduino Pin 2 |
| 4 | #define B_BAR 3 | //B̄ 相線圈接到 Arduino Pin 3 |
| 5 | #define tt 20 | //轉速設定 |
| 6 | unsigned char run1_F[4]={A,B,A_BAR, B_BAR}; | //一相順時針激磁設定 |
| 7 | unsigned char run2_F[4][2]={{A,B} ,{B, A_BAR},{A_BAR,B_BAR},{B_BAR,A}}; | //二相順時針激磁設定 |
| 8 | void stop1(){ | |
| 9 | digitalWrite(A,LOW); | //A 相線圈不激磁 |
| 10 | digitalWrite(B,LOW); | //B 相線圈不激磁 |
| 11 | digitalWrite(A_BAR,LOW); | //Ā 相線圈不激磁 |
| 12 | digitalWrite(B_BAR,LOW); | //B̄ 相線圈不激磁 |
| 13 | } | |
| 14 | void setup(){ | |
| 15 | int i ; | |
| 16 | for(i=0;i<=3;i++) | //設定 Pin 0,1,2,3 為輸出 |
| 17 | pinMode(i,OUTPUT); | |
| 18 | } | |
| 19 | void loop(){ | |
| 20 | int i,j ; | |
| 21 | for(i=0;i<=3;i++){ | //依 A，B，Ā，B̄ 一、二相激磁 |
| 22 | stop1(); | |

```
23    digitalWrite(run1_F[i],HIGH);          //一相激磁
24    delay(tt);
25    stop1();
26    for(j=0;j<=1;j++)                        //二相激磁
27      digitalWrite(run2_F[i][j],HIGH);
28    delay(tt);
29    }
30  }
```

程式設計(四)：使用 Stepper( )函數

| 行號 程式敘述 | 註解 |
|---|---|
| 1    #define A  0 | //A 相線圈接到 Arduino Pin 0 |
| 2    #define B  1 | //B 相線圈接到 Arduino Pin 1 |
| 3    #define A_BAR 2 | //$\overline{A}$ 相線圈接到 Arduino Pin 2 |
| 4    #define B_BAR 3 | //$\overline{B}$ 相線圈接到 Arduino Pin 3 |
| 5    #define tt 20 | //轉速設定 |
| 6    #include <Stepper.h> | //引入 Stepper.h 檔 |
| 7    Stepper stepper(200, A, A_BAR, B, B_BAR); | //馬達轉一圈為 200 步 (1.8 deg)，定義//0, 1, 2, 3 為輸出腳位 |
| 8    void setup(){ | |
| 9      stepper.setSpeed(20); | //將馬達的速度設定成 20RPM |
| 10  } | |
| 11  void loop(){ | |
| 12    stepper.step(100); | //順時針半圈 |
| 13    delay(tt); | |
| 14    stepper.step(-100); | //逆時針半圈 |
| 15    delay(tt); | |
| 16    stepper.step(200); | //順時針 1 圈 |

```
17    delay(tt);
18    stepper.step(-200);                    //逆時針1圈
19    delay(tt);
20    }
```

練習

**選擇題**

(　　)1. 一般小型步進馬達多為四相式，可分為　(A)四相 5 線　(B)四相 6 線　(C)四相 8 線式　(D)以上皆是。

(　　)2. 步進馬達的四相是指定子上有四組相對線圈，稱為 $A$、$B$、$\overline{A}$ 及 $\overline{B}$，各提供幾度的相位差？　(A)0°　(B)90°　(C)180°　(D)270°。

(　　)3. 步進馬達為單極磁式，則每接收一個脈衝訊號，就會走一步即為轉動一個角度，稱為步進角，通常為　(A)1.8°　(B)0.9°　(C)3.8°　(D)2.9°。

(　　)4. 當步進角為 1.8°時，步進馬達走 1 圈須幾步？　(A)360　(B)180　(C)250　(D)200。

(　　)5. 當步進馬達為二相激磁，其步進角為 1.8°時，步進馬達走 1 圈須幾步？　(A)360　(B)180　(C)250　(D)200。

(　　)6. 當步進馬達為一相激磁，其步進角為 1.8°時，步進馬達走 1 圈須幾步？　(A)360　(B)180　(C)250　(D)200。

(　　)7. 當步進馬達為一、二相激磁時，步進馬達走 1 圈須幾步？　(A)360　(B)180　(C)400　(D)200。

**問答題**

1. 請寫出步進馬達線圈接線種類為何？
2. 請畫出步進馬達接線圖。
3. 四相式步進馬達定子線圈的激磁方式為何？
4. 請寫出一相激磁順序為何？

5. 請寫出二相激磁順序爲何？

6. 請寫出一、二相激磁順序爲何？

7. 請寫出 ULN 2003 接腳圖及內部邏輯電路。

**實作題**

1. 請撰寫一個一相激磁逆時針轉動之程式。

2. 請撰寫一個二相激磁逆時針轉動之程式。

3. 請撰寫一個一、二相激磁逆時針轉動之程式。

4. 請利用內部暫存器 DDRD 及 PORTD、撰寫一個一相激磁順時針轉動之程式。

5. 請利用內部暫存器 DDRD 及 PORTD、撰寫一個二相激磁順時針轉動之程式。

6. 請利用內部暫存器 DDRD 及 PORTD、撰寫一個一、二相激磁順時針轉動之程式。

## 實驗 9-7　紅外線測距實驗(LCD 顯示)

目的 ▶ 了解 Arduino 的 LCD 顯示板驅動程式,並使用紅外線測距感測器量到的障礙物距離顯示在 LCD 上。

功能 ▶ 數字和文字可使用 LCD 顯示器來顯示,LCD 腳位總共 14 支接腳,如果內建背光的話是 16 支,由於本實驗所使用之 LCD 顯示板為 2×16,圖 9-7-1 為 LCD 顯示器實體圖和電路接腳圖,而表 9-7-1 為 LCD 顯示板之 16 支腳位的說明。

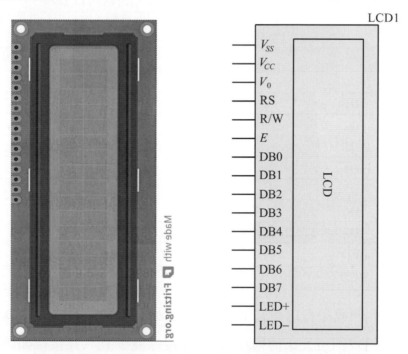

◎ 圖 9-7-1　2x16 文字型 LCD 顯示器實體圖和電路接腳圖

表 9-7-1

| 腳位編號 | 腳位名稱 | 腳位說明 |
|---|---|---|
| 1 | $V_{SS}$ | 接地(0V) |
| 2 | $V_{DD}$ | 電源(5V) |
| 3 | $V_0$ | 對比(0-5V)，可接一顆 1kΩ 電阻，或利用可變電阻調整適當的螢幕亮度對比 |
| 4 | RS | Register Select：<br>1：D0～D7 當作資料解釋<br>0：D0～D7 當作指令解釋 |
| 5 | R/W | Read/Write mode：<br>1：從 LCD 讀取資料 0：寫資料到 LCD<br>因為很少從 LCD 這端讀取資料，所以可將此腳位接地以節省 I/O 腳位。 |
| 6 | E | 啟用 |
| 7 | D0 | Bit0(LSB) |
| 8 | D1 | Bit1 |
| 9 | D2 | Bit2 |
| 10 | D3 | Bit3 |
| 11 | D4 | Bit4 |
| 12 | D5 | Bit5 |
| 13 | D6 | Bit6 |
| 14 | D7 | Bit7(MSB) |
| 15 | LED+ | 背光(串接 330R 電阻到電源) |
| 16 | LED- | 背光 |

Arduino 開發平台內建文字型 LCD 顯示器的驅動程式，LCD 的資料可使用 D4～D7 四位元來傳輸，所以可使接線減少到六條接線如圖 9-7-2 所示。

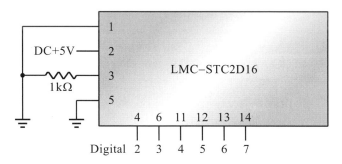

圖 9-7-2　2x16 文字型 LCD 顯示器驅動電路接腳圖

紅外線測距感測器使用 SHARP 公司 GP2D12 產品編號 GP2Y0A21 如圖
9-7-3 所示。GP2D12 測量距離在 10～80 公分範圍，會輸出類比電壓來
對應障礙物的距離，但距離 10 公分內的障礙物和距離 80 公分以上的障
礙物輸出的電壓和障礙物的距離就會有錯誤的對應關係，無法由輸出的
類比電壓換算成距離，而在 10～80 公分範圍的障礙物距離越近，輸出電
壓越大，相反的距離越遠，輸出電壓越小，圖 9-7-4 為 SHARP 公司提供
的障礙物距離和輸出電壓的關係圖，為程式用來將類比電壓換算成距離
的重要參考圖。

Ref：SHARP
GP2Y0A21
datasheets

◎ 圖 9-7-3　紅外線測距感測器和接腳定義圖

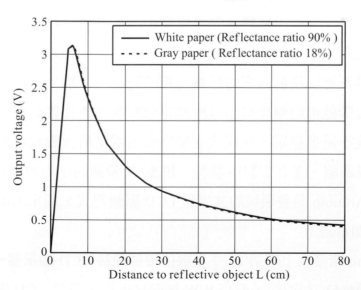

◎ 圖 9-7-4　紅外線測距感測器的輸出電壓和障礙物距離關係圖

(Ref：SHARP GP20A21 資料手冊)

由圖 9-7-4 找兩點,分別為類比輸出電壓 1V 時,障礙物距離為 27.5 公分,和類比輸出電壓 0.5V 時,障礙物距離為 61.5 公分,因障礙物距離會讓類比輸出電壓呈指數衰減,推導出紅外線測距的類比輸出電壓($Vo$)轉換為障礙物距離($d$)的公式如下:

$$d = 27.5 * (Vo)^{-1.16}$$ 公式(1)

再驗證公式將類比輸出電壓 2.3V 時,障礙物距離為 10.5 公分,在量測誤差內吻合圖 9-7-4,所以 SHARP 其他紅外線測距感測器大都能用此方法推導指數衰減公式,本實驗的紅外線測距系統設計可量測障礙物距離 10〜80 公分,將紅外線測距感測器輸出類比電壓接在 Arduino UNO 的類比輸入,並透過類比數位轉換器轉換為 ADC 值,Arduino UNO 程式轉換 ADC 值為電壓值,再用公式(1)轉換為距離,並將距離顯示在 LCD 顯示器上。

原理 SHARP 的紅外線測距感測器使用發光二極體發射紅外光,然後用光二極體來接收碰到障礙物反射回來的紅外光,經過距離量測晶片放大濾波處理之後產生類比輸出電壓,為了使感測器小型化,將濾除外界光源的紅外光光罩、發光二極體、光二極體和距離量測晶片包裝成一個紅外線測距感測器,由於量測距離方便,所以單價較高。另外 SHARP 的紅外線測距感測器是用反射回來的紅外光和障礙物的距離呈指數衰減,使用指數衰減函數就可將類比輸出電壓換算成距離,並在實驗中發現類比輸出電壓訊號不是很穩定,在程式上類比輸出電壓用函數就可將類比輸出電壓換算成距離,並在實驗中發現,類 50 次量測的平均值來換算成距離後,呼叫 Arduino 開發環境的文字型 LCD 驅動程式來顯示障礙物量測距離在 LCD 顯示器上。

電路 Arduino 開發板上的第 2〜7 隻數位接腳連接 LCD 顯示器,LCD 顯示器要接電源(+5V)和地端,並將 R/W 接腳接地端,設定 LCD 顯示器只有寫入功能,LCD 的 $V_0$ 接腳接一顆 1kΩ 電阻到地端,得到適當的螢幕亮度對比。接著紅外線測距感測器也要接電源(+5V)和地端,並將類比電壓輸出 $V_0$ 連接 Arduino 開發板的 A0 類比輸入接腳,如圖 9-7-5 所示。

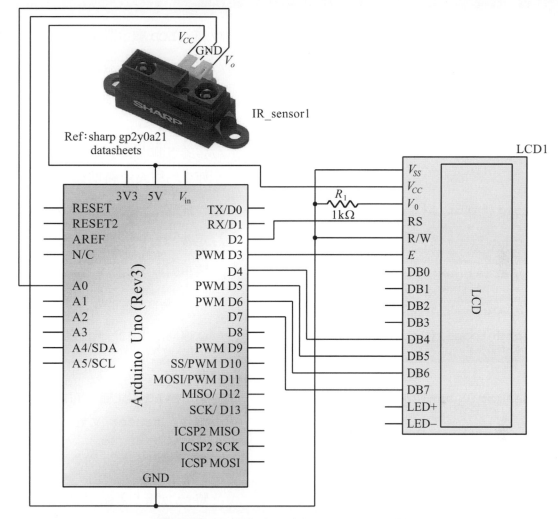

◎ 圖 9-7-5　紅外線測距的 LCD 顯示電路

元件

| 編號 | 元件項目 | 數量 | 元件名稱 |
|------|----------|------|----------|
| 1 | Arduino UNO | 1 | Arduino 開發板 |
| 2 | LCD1 | 1 | 16×2 文字型 LCD 顯示器 |
| 3 | $R_1$ | 1 | 1kΩ 電阻 |
| 4 | IR_sensor1 | 1 | 紅外線測距感測器 |

程式

## IR_LCD

| 行號 | 程式敘述 | 註解 |
|---|---|---|
| 1 | #include <LiquidCrystal.h> | //加入 LCD 顯示器驅動函式庫 |
| 2 | LiquidCrystal lcd(2, 3, 4, 5, 6, 7); | //定義 LCD 顯示器驅動接腳 |
| 3 | float d,avg_d,avg_s=0.0; | //定義距離、平均距離和平均類比電壓為浮點數 |
| 4 | int n=0,N=50,sensor_V; | //定義量測次數變數、每量測 50 次作平均和 ADC 轉換數值變數 |
| 5 | void setup(){ | //只會執行一次的程式初始式數 |
| 6 | lcd.begin(16, 2); | //定義 LCD 顯示器為 16x2 文字型 |
| 7 | Serial.begin(9600); | //將串列埠通訊鮑率設為 9600bps |
| 8 | } | //結束 setup() 函式 |
| 9 | void loop(){ | //永遠周而復始的主控制函式 |
| 10 | n++; | //計數量測次數 |
| 11 | sensor_V=analogRead(A0); | //讀取由 A0 類比輸入的 ADC 轉換數值存入 sensor_V 變數 |
| 12 | avg_s=avg_s+5.0*sensor_V/1023.0; | //將 sensor_V 的 ADC 數值(0～1023)轉換為電壓值(0～5V),並將 50 次量測數值相加存於 avg_s |
| 13 | if (n==N){ | //假如量測到達 50 次就做下列大括號中的事 |
| 14 | avg_s=avg_s/N; | //將量測 50 次數值的總和除 50 來得到平均值存於 avg_s |
| 15 | Serial.print("IR sensor votage(V)="); | //命令串列埠輸出字元' IR sensor votage(V)='可在 Tools->Serial Monitor 上觀看 |

| 16 | `Serial.println(avg_s);` | //在 Tools->Serial Monitor 上觀看紅外線測距感測器的輸出電壓的平均值 |
|----|---|---|
| 17 | `if (avg_s<0.4)` | //假如量測到紅外線測距感測器的輸出電壓的平均值小於 0.4V，障礙物距離超過 80 公分，就做下列大括號中的事 |
| 18 | `{ avg_d=80; }` | //障礙物距離設定 80 公分 |
| 19 | `else if (avg_s>2.3)` | //假如量測到紅外線測距感測器的輸出電壓的平均值大於 0.4V，障礙物距離小於 10 公分，就做下列大括號中的事 |
| 20 | `{ avg_d=10; }` | //障礙物距離設定 10 公分 |
| 21 | `else {` | //障礙物距離範圍在 10～80 公分，就做下列大括號中的事 |
| 22 | `avg_d=27.5*pow(avg_s,-1.16); }` | //使用指數衰減公式(1)計算障礙物距離 |
| 23 | `LCD_display();` | //呼叫 LCD_display()將障礙物距離顯示在 LCD 顯示器 |
| 24 | `n=0;` | //設定量測次數為 0，開始下一個 50 次的量測 |
| 25 | `avg_s=0.0;` | //設定平均電壓為 0，開始下一個 50 次的量測的平均值計算 |
| 26 | `}` | //量測 50 次處理工作結束 |
| 27 | `delay(10);` | //每次紅外線測距量測要延遲 10ms，量測 50 次時間為 0.5 秒後再顯示在 LCD 顯示器上 |
| 28 | `}` | //結束 loop()函式 |
| 29 | `void LCD_display(){` | //顯示障礙物距離在 LCD 顯示器的副程式 |

| | | |
|---|---|---|
| 30 | `lcd.clear();` | //清除 LCD 顯示器的文字 |
| 31 | `lcd.setCursor(0, 0);` | //設定 LCD 顯示器的座標在第一行第一字 |
| 32 | `lcd.print("UW-Dist. Meter");` | //LCD 顯示器顯示"UW-Dist. Meter" |
| 33 | `lcd.setCursor(0, 1);` | //設定 LCD 顯示器的座標在第二行第一字 |
| 34 | `lcd.print(">> ");` | //LCD 顯示器顯示">>" |
| 35 | `lcd.print(avg_d);` | //LCD 顯示器顯示障礙物的平均距離 |
| 36 | `lcd.print(" CM");` | //LCD 顯示器顯示"CM"為公分示換算障礙物距離的單位 |
| 37 | `}` | //LCD_display()副程式結束 |

說明 IR_LCD.ino 用 16×2 文字型 LCD 顯示器來顯示紅外線測距感測器量測的障礙物距離，圖 9-7-6 是本程式的主要控制流程，程式開始先重置 LCD 顯示器與設定串列埠通訊鮑率為 9600 bps，接著讀取紅外線測距感測器輸出的類比電壓，做 50 次平均來使量測的電壓值穩定，並用串列埠將量測的電壓值傳送到個人電腦(PC)，可在 Tools->Serial Monitor 上觀看紅外線測距感測器輸出的類比電壓，最後使用公式(1)將紅外線測距感測器輸出的類比電壓計算出障礙物的距離，顯示障礙物距離在 LCD 顯示器。

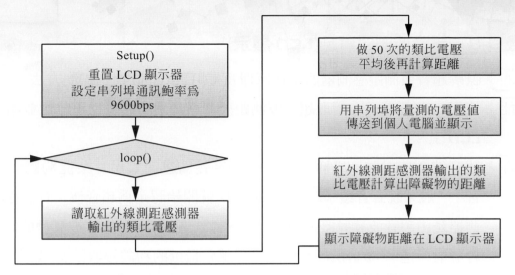

◎ 圖 9-7-6　IR_LCD.ino 程式的主要控制流程圖

練習

1. 利用 Arduino 發展計時時鐘，使用 16×2 文字型 LCD 顯示器來顯示現在時間並計時，並設計用按鍵循環設定方式來設定現在時間的小時、分鐘和秒。

2. 請使用紅外線測距感測器設計一個用手的距離遠近來調整 LCD 光亮度的系統。

## 實驗 9-8　超音波測距實驗(LCD 顯示)

目的 > 瞭解超音波測距感測器的工作原理及使用 Arduino 程式控制方法。

功能 > 使用 Arduino Uno 讀取超音波測距感測器量到的障礙物距離值並顯示在 LCD 上。

原理 > 超音波(Ultrasonic 或稱 Ultrasound)定義為超過人類耳朵能夠聽到的聲音，一般來說聲音頻率超過 16,000 Hz 就開始認定為超音波。而超音波感測器是由超音波發射器、接收器和控制電路所組成。當它被觸發的時候，會發射一連串 40 kHz 的聲波並且從離它最近的物體接收回音。如圖 9-8-1 所示，超音波測量距離的方法，將超音波發射器與接收器擺在同一方向，藉由發射出去遇到障礙物反射到接收器的音波所經歷的時間來作距離遠近的計算。

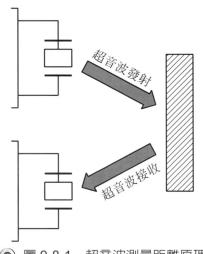

◎ 圖 9-8-1　超音波測量距離原理

聲音在空氣中的傳播速度大約是每秒 340 公尺，傳播速度會受溫度影響，溫度愈高，傳播速度愈快。假設超音波音速以每秒 340 公尺計算，可知聲音傳播 1 公分所需的時間為

$$Ts = 1/(340 * 100) = 2.94 \times 10^{-5} \text{ sec/cm} = 29.4 \mu s/cm \fallingdotseq 29 \mu s/cm$$

由於超音波從發射到返迴是兩段距離，因此在計算時必須將所經歷的時間 Td 微秒結果除以 2 才是正確的經歷的時間。所以物體距離的計算為

Distance=(Td/2)/Ts=(Td)/(2*29)公分

或

Distance=(Td/2)/Ts=(Td)/(2*29*2.54)≒(Td)/(2*74)英吋

超音波感測器主要應用在機器人或自走車避障、物體測距等。本實習使用 HC-SR04 超音波測距感測器(圖 9-8-2)，它可以探測的距離為 2cm-400cm，精度為 0.3 cm，感應角度為 15 度。

◎ 圖 9-8-2　HC-SR04 超音波測距感測器

程式設計(一)為一般作法，給 trig pin 一個 10 us TTL pluse，模組會發射 8 個 40kHz 的聲波出去，然後計算 Echo 訊號高電位時間，亦即超音波來回的時間，使用者再自己計算音速換算距離。程式中有用到 Arduino 的指令 pulseIn()，其功能是讀取一個針腳的脈衝時間(HIGH 或 LOW)。

語法(Syntax)：

pulseIn(pin, value)

pulseIn(pin, value, timeout)

參數(Parameters)：

pin：指定 DIO 腳號碼(資料型態：int)。

value：讀取腳位脈衝型態，HIGH 或 LOW(資料型態：int)。

timeout(選擇性)：設定等待多少微秒後才開始讀取脈衝，預設是 1 秒(資料型態：unsigned long)。

傳回值：

返回脈衝的長度，單位微秒。例如，如果 value 是 HIGH，pulseIn ( ) 會
等待腳位變為 HIGH，開始計時，再等待腳位變為 LOW 並停止計時。返
回脈衝的長度，單位微秒。如果在指定的時間內無脈衝，函數返回 0。

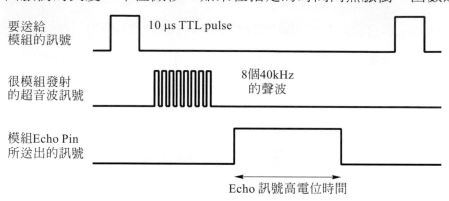

◎ 圖 9-8-3　超音波測距時序流程

程式設計(二)使用超音波感測模組 NewPing Library，因為這個 library 已
經把測距的公式都包成了函式庫，使用上比較方便，而且適用 SR04,
SRF05, SRF06, DYP-ME007 & Parallax PING)))™等多種超音波模組。此
實習需從 Arduino 官方網站下載 NewPing 函式庫，把檔案解壓縮放到
Arduino 的 Libraries 資料夾內函式庫，提供的指令函式包括：

1.  NewPingsonar(trigger_pin, echo_pin [, max_cm_distance])
    功能：初始化超音波元件，並設定 trigger 腳，echo 腳及超音波想要
    測的最大距離(選擇性)，預設是 500 公分。

2.  sonar.ping()
    功能：回傳 echo 時間 (微秒)。

3.  sonar.ping_in()
    功能：回傳感測距離(英吋)。

4.  sonar.ping_cm()
    功能：回傳感測距離(公分)。

5. sonar.ping_median(iterations)

   功能：重覆多次感測(預設 5 次)，放棄超出範圍的 echo 時間，多次感測值內，回傳中間值的 echo 時間(微秒)。

6. sonar.convert_in(echoTime)

   功能：將 echo 時間轉換成感測距離(英吋)。

7. sonar.convert_cm(echoTime)

   功能：將 echo 時間轉換成感測距離(公分)。

電路 Arduino 開發板上的第 2～7 隻數位接腳連接 LCD 顯示器，LCD 顯示器要接電源(+5V)和地端，並將 R/W 接腳接地端，設定 LCD 顯示器只有寫入功能，LCD 的 $V_0$ 接腳接一顆 1kΩ 電阻到地端，得到適當的螢幕亮度對比。接著超音波測距感測器 HC-SR04 與 Arduino UNO 開發板的接線如表 9-8-1 所示，HC-SR04 的接線方式很簡單，總共只有 4 支接腳，整體電路如圖 9-8-4 所示。

◎ 表 9-8-1　HC-SR04 與 Arduino UNO 接線

|   | HC-SR04 Module | Arduino Uno |
|---|---|---|
| 1 | $V_{CC}$ | +5V |
| 2 | Trig | D8 |
| 3 | Echo | D9 |
| 4 | GND | GND |

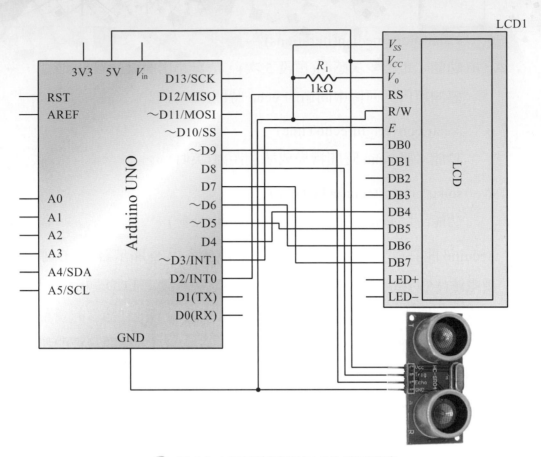

◎ 圖 9-8-4 超音波測距的 LCD 顯示電路

元件

| 編號 | 元件項目 | 數量 | 元件名稱 |
|------|----------|------|----------|
| 1 | Arduino UNO | 1 | Arduino 開發板 |
| 2 | LCD1 | 1 | 16×2 文字型 LCD 顯示器 |
| 3 | $R_1$ | 1 | 1kΩ 電阻 |
| 4 | HC-SR04 模組 | 1 | 超音波測距感測器 |

程式

程式設計(一)

Ultrasonic_LCD

| 行號 | 程式敘述 | 註解 |
|---|---|---|
| 1 | #include <LiquidCrystal.h> | //加入 LCD 顯示器驅動函式庫 |
| 2 | LiquidCrystal lcd(2, 3, 4, 5, 6, 7); | //初始化 LCD，建立物件 lcd，指定腳位。順序是 RS、Enable、D4、D5、D6、D7，要配合前面的接線順序 |
| 3 | #define  CM 1 | //定義測得距離以公分為單位 |
| 4 | #define  INC 0 | //定義測得距離以英吋為單位 |
| 5 | #define  TP  8 | //定義 Trig 腳接在 D8 |
| 6 | #define  EP  9 | //定義 Echo 腳接在 D9 |
| 7 | long Distance(long time, int flag){ | //計算距離函式開始 |
| 8 | long distance; | //變數宣告為長整數 |
| 9 | if(flag) | //flag 判別以公分或英吋顯示距離 |
| 10 | distance = time /(2*29); | //flag 為 1，計算測得的距離，以公分為單位 |
| 11 | Else | //否則 |
| 12 | distance = time / (2*74); | //計算測得的距離，以英吋為單位 |
| 13 | return distance; | //回傳測得距離 |
| 14 | } | //計算距離函式結束 |
| 15 | long TP_init(){ | //計算超音波往返時間函式開始 |

| | | |
|---|---|---|
| 16 | `digitalWrite(TP, LOW);` | //TP 腳送出低電位 |
| 17 | `delayMicroseconds(2);` | //延遲 2 微秒 |
| 18 | `digitalWrite(TP, HIGH);` | //TP 腳送出高電位 |
| 19 | `delayMicroseconds(10);` | //延遲 10 微秒 |
| 20 | `digitalWrite(TP, LOW);` | //TP 腳送出低電位 |
| 21 | `long microseconds = pulseIn(EP,HIGH);` | //等待 EP 變為高電位，返回脈衝的長度，單位微秒 |
| 22 | `return microseconds;` | //回傳測得往返時間 |
| 23 | `}` | //計算超音波往返時間函式結束 |
| 24 | `void setup(){` | //只會執行一次的程式初始式數 |
| 25 | `pinMode(TP,OUTPUT);` | //設定 TP 接腳為輸出 |
| 26 | `pinMode(EP,INPUT);` | //設定 EP 接腳為輸入 |
| 27 | `lcd.begin(16, 2);` | //定義 LCD 顯示器為 16x2 文字型 |
| 28 | `Serial.begin(9600);` | //將串列埠通訊鮑率設為 9600bps |
| 29 | `Serial.println("-----Start------");` | //輸出至序列埠觀測視窗 |
| 30 | `}` | //結束 setup()函式 |
| 31 | `void loop(){` | //永遠周而復始的主控制函式 |
| 32 | `long microseconds = TP_init();` | //取得超音波發射到接收的時間 |
| 33 | `Serial.print("Time=");` | //字串輸出至序列埠觀測視窗 |
| 34 | `Serial.println(microseconds);` | //測得往返時間輸出至序列埠觀測視窗 |

| 行號 | 程式敘述 | 註解 |
|---|---|---|
| 35 | long distance_cm = Distance(microseconds, CM); | //換算成距離(公分) |
| 36 | Serial.print("Distance_CM = "); | //字串輸出至序列埠觀測視窗 |
| 37 | Serial.println(distance_cm); | //測得距離輸出至序列埠觀測視窗 |
| 38 | lcd.clear(); | //清除 LCD 顯示器的文字 |
| 39 | lcd.setCursor(0, 0); | //設定 LCD 顯示器的座標在第一行第一字 |
| 40 | lcd.print("Distance "); | //LCD 顯示器顯示" Distance " |
| 41 | lcd.setCursor(0, 1); | //設定 LCD 顯示器的座標在第二行第一字 |
| 42 | lcd.print(">> "); | //LCD 顯示器顯示">> " |
| 43 | lcd.print(distance_cm); | //LCD 顯示器顯示障礙物的距離 |
| 44 | lcd.print(" CM"); | //LCD 顯示器顯示" CM"為公分示換算障礙物距離的單位 |
| 45 | delay(1000); | //延遲1秒 |
| 46 | } | //主控制函式結束 |

程式設計(二)

Ultrasonic_LCD 使用 NewPing Library

| 行號 | 程式敘述 | 註解 |
|---|---|---|
| 1 | #include <LiquidCrystal.h> | //加入 LCD 顯示器驅動函式庫 |
| 2 | #include <NewPing.h> | //加入 NewPing 驅動函式庫 |

| | | |
|---|---|---|
| 3 | `LiquidCrystal lcd(2, 3, 4, 5, 6, 7);` | //初始化 LCD，建立物件 lcd，指定腳位。順序是 RS、Enable、D4、D5、D6、D7，要配合前面的接線順序 |
| 4 | `#define TP 8` | //定義 Trig 腳接在 D8 |
| 5 | `#define EP 9` | //定義 Echo 腳接在 D9 |
| 6 | `#define MAX_DISTANCE 200` | //定義感測最大距離為 200 公分 |
| 7 | `NewPing sonar(TP , EP ,MAX_DISTANCE);` | //初始化超音波元件，並設定 trigger 腳，echo 腳及超音波想要測的最大距離 (選擇性) |
| 8 | `long distance;` | //變數宣告為長整數 |
| 9 | `void setup(){` | //只會執行一次的程式初始式數 |
| 10 | `  pinMode(TP,OUTPUT);` | //設定 TP 接腳為輸出 |
| 11 | `  pinMode(EP,INPUT);` | //設定 EP 接腳為輸入 |
| 12 | `  lcd.begin(16, 2);` | //定義 LCD 顯示器為 16x2 文字型 |
| 13 | `  Serial.begin(9600);` | //將串列埠通訊鮑率設為 9600bps |
| 14 | `  Serial.println("-----Start------");` | //輸出至序列埠觀測視窗 |
| 15 | `      }` | //結束 setup() 函式 |
| 16 | `void loop(){` | //永遠周而復始的主控制函式 |
| 17 | `distance = sonar.ping_cm();` | //取得超音波感測距離 (公分) |
| 18 | `  Serial.print("Distance_CM = ");` | //字串輸出至序列埠觀測視窗 |

| 19 | `Serial.print(distance);` | //測得距離輸出至序列埠觀測視窗 |
| 20 | `lcd.clear();` | //清除 LCD 顯示器的文字 |
| 21 | `lcd.setCursor(0, 0);` | //設定 LCD 顯示器的座標在第一行第一字 |
| 22 | `lcd.print("Distance");` | //LCD 顯示器顯示 "Distance " |
| 23 | `lcd.setCursor(0, 1);` | //設定 LCD 顯示器的座標在第二行第一字 |
| 24 | `lcd.print(">> ");` | //LCD 顯示器顯示">> " |
| 25 | `lcd.print(distance);` | //LCD 顯示器顯示障礙物的距離 |
| 26 | `lcd.print(" CM");` | //LCD 顯示器顯示" CM"為公分 |
| 27 | `delay(100);` | //延遲 0.1 秒 |
| 28 | `}` | //主控制函式結束 |

練習

1. 請使用超音波測距感測器，設計一個用手的距離遠近來調整 LCD 光亮度的系統。

2. 請使用超音波測距感測器，設計一個用手的距離遠近來調整 LED 亮滅的系統，亦即距離越近，LED 亮滅頻率越快，反之越慢。

## 實驗 9-9　3 軸加速度感測實驗(LCD 顯示)

目的 瞭解 3 軸加速度感測器(G-Sensor)的工作原理及使用 Arduino 程式控制方法。

功能 使用 Arduino UNO 藉由 I²C 介面讀取 3 軸加速度感測器 ADXL345 的 g 值並顯示在 LCD 上。

原理 基本上，我們處於的空間，是屬於一個三維的世界。G-Sensor 的原理即是偵測這三維空間的變動，亦即偵測 g 力的大小及動作方向。若將 G-Sensor 擺水平時，會有 1 g 的地心引力在 Z 軸，隨著改變裝置的同時 g 值會在不同軸向做變化，就可以知道姿態的變換。本實習使用 3 軸加速度感測器為 ADXL345 模組(圖 9-9-1 所示)，ADXL345 是一款超低功耗 3 軸加速度感測器，分辨率可達 13 位，測量範圍達±16 g，可使用 SPI(3 線或 4 線)或 I²C 介面讀取 g 值，三軸 g 值輸出數據為 16 位二進制格式。ADXL345 非常適合移動設備應用，它可以在傾斜檢測應用中測量靜態重力加速度，還可以測量運動或衝擊導致的動態加速度。本實習使用 I²C 介面讀取 g 值，I²C 介面是 Inter-Integrated Circuit 的縮寫，是飛利浦研發的雙向 2 線式同步串列匯流排標準。此通訊只需兩條線就能傳送資料，分別是 SDA(Serial DAta)資料腳位與 SCL (Serial CLock)時脈腳位，最大傳輸可以達 400 kbps。

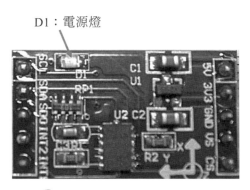

D1：電源燈

◎ 圖 9-9-1　ADXL345 模組

電路 Arduino 開發板上的第 2～7 隻數位接腳連接 LCD 顯示器，LCD 顯示器要
接電源(+5V)和地端，並將 R/W 接腳接地端，設定 LCD 顯示器只有寫入
功能，LCD 的 $V_0$ 接腳接一顆 1kΩ 電阻到地端，得到適當的螢幕亮度對
比。接著三軸重力加速度感測器 ADXL345 與 Arduino UNO 開發板的接
線如表 9-9-1 所示，整體電路如圖 9-9-2 所示。

◎ 表 9-9-1　ADXL345 與 Arduino UNO 接線

|  | ADXL345 Module | Arduino UNO |
|---|---|---|
| 1 | GND(PIN8) | GND |
| 2 | SCL(PIN1) | A5 |
| 3 | SDA(PIN2) | A4 |
| 4 | 5V(PIN10) | 5V |

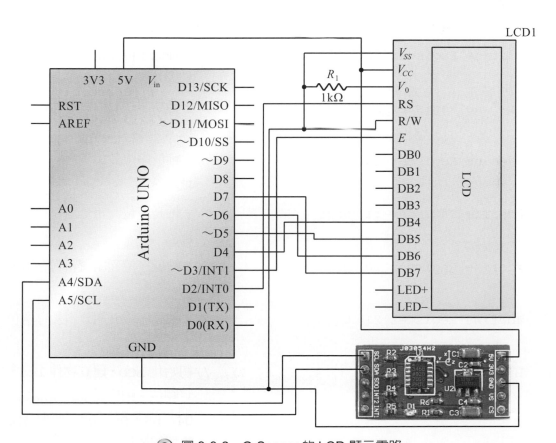

◎ 圖 9-9-2　G-Sensor 的 LCD 顯示電路

元件

| 編號 | 元件項目 | 數量 | 元件名稱 |
|---|---|---|---|
| 1 | Arduino UNO | 1 | Arduino 開發板 |
| 2 | LCD1 | 1 | 16×2 文字型 LCD 顯示器 |
| 3 | $R_1$ | 1 | 1kΩ 電阻 |
| 4 | ADXL345 模組 | 1 | 三軸重力加速度感測器 |

程式

### G-Sensor_LCD

| 行號 | 程式敘述 | 註解 |
|---|---|---|
| 1 | #include <LiquidCrystal.h> | //加入 LCD 顯示器驅動函式庫 |
| 2 | #include <Wire.h> | //加入 I²C 通訊介面函式庫 |
| 3 | #define Register_16G  0x31 | //資料格式設定之暫存器位址 |
| 4 | #define Register_Power  0x2D | //相關電源設定之暫存器位址 |
| 5 | #define Register_X0  0x32 | //X 軸低序位元組資料暫存器位址 |
| 6 | #define Register_X1  0x33 | //X 軸高序位元組資料暫存器位址 |
| 7 | #define Register_Y0  0x34 | //Y 軸低序位元組資料暫存器位址 |
| 8 | #define Register_Y1  0x35 | //Y 軸高序位元組資料暫存器位址 |
| 9 | #define Register_Z0  0x36 | //Z 軸低序位元組資料暫存器位址 |
| 10 | #define Register_Z1  0x37 | //Z 軸高序位元組資料暫存器位址 |
| 11 | LiquidCrystal lcd(2, 3, 4, 5, 6, 7); | //初始化 LCD，建立物件 lcd，指定腳位。順序是 RS、Enable、D4、D5、D6、D7，要配合前面的接線順序 |

| 12 | `int ADXAddress=0x53;` | //元件使用 I²C 介面位址 |
| 13 | `int X0,X1,X_out;;` | //全域變數宣告成整數 |
| 14 | `int Y0,Y1,Y_out;` | //全域變數宣告成整數 |
| 15 | `int Z1,Z0,Z_out;` | //全域變數宣告成整數 |
| 16 | `double Xg,Yg,Zg;` | //全域變數宣告成倍精數 |
| 17 | `void writeTo(int device, unsigned char address, unsigned char val)` | //資料寫入元件相關暫存器副程式 |
| 18 | `{ Wire.beginTransmission(device);` | //資料寫入啟動 |
| 19 | `  Wire.write(address);` | //送出暫存器位址 |
| 20 | `Wire.write(val);` | //寫入資料到暫存器 |
| 21 | `Wire.endTransmission();` | //資料寫入結束 |
| 22 | `}` | //副程式結束 |
| 23 | `void setup(){` | //只會執行一次的程式初始式數 |
| 24 | **`Serial.begin(9600);`** | //將串列埠通訊鮑率設為 9600bps |
| 25 | `lcd.begin(16, 2);` | //定義 LCD 顯示器為 16x2 文字型 |
| 26 | `delay(100);` | //延遲 100ms |
| 27 | `Wire.begin();` | //初始化 I²C |
| 28 | `delay(100);` | //延遲 100ms |
| 29 | `writeTo(ADXAddress,Register_16G,0x0B);` | //測量範圍，正負 16g，13 位元模式 |
| 30 | `writeTo(ADXAddress, Register_Power,0x08);` | //選擇電源模式為測量模式 |
| 31 | `}` | //結束 setup() 函式 |
| 32 | `void loop(){` | //永遠周而復始的主控制函式 |
| 33 | `lcd.setCursor(0, 0);` | //將游標移動第 0 欄、第 1 列 |
| 34 | `  Wire.beginTransmission(ADXAddress);` | //開始傳送到指定位址的 I²C slave 裝置 |

| | | |
|---|---|---|
| 35 | `Wire.write(Register_X0);` | //送出 x 軸 g 值低序位元組暫存器位址 |
| 36 | `Wire.write(Register_X1);` | //送出 x 軸 g 值高序位元組暫存器位址 |
| 37 | `Wire.endTransmission();` | //結束傳輸 |
| 38 | `Wire.requestFrom(ADXAddress, 2);` | //請求讀取 |
| 39 | `if(Wire.available()<=2){` | //判別接收的資料數量小於等於 2 |
| 40 | `X0 = Wire.read();` | //讀取 x 軸 g 值低序位元組資料 |
| 41 | `X1 = Wire.read();` | //讀取 x 軸 g 值高序位元組資料 |
| 42 | `X1 = X1<<8;` | //往前移 8 位元 |
| 43 | `X_out = X0+X1;` | //16 位二進制補碼格式 |
| 44 | `}` | //if 結束 |
| 45 | `Wire.beginTransmission(ADXAddress);` | //開始傳送到指定位址的 I²C slave 裝置 |
| 46 | `Wire.write(Register_Y0);` | //送出 Y 軸 g 值低序位元組暫存器位址 |
| 47 | `Wire.write(Register_Y1);` | //送出 Y 軸 g 值高序位元組暫存器位址 |
| 48 | `Wire.endTransmission();` | //結束傳輸 |
| 49 | `Wire.requestFrom(ADXAddress, 2);` | //請求讀取 |
| 50 | `if(Wire.available()<=2){` | //判別接收的資料數量小於等於 2 |
| 51 | `Y0 = Wire.read();` | //讀取 Y 軸 g 值低序位元組資料 |
| 52 | `Y1 = Wire.read();` | //讀取 Y 軸 g 值高序位元組資料 |
| 53 | `Y1 = Y1<<8;` | //往前移 8 位元 |
| 54 | `Y_out = Y0+Y1;` | //16 位二進制補碼格式 |
| 55 | `}` | //if 結束 |

| 56 | `Wire.beginTransmission(ADXAddress);` | //開始傳送到指定位址的I²C slave裝置 |
|---|---|---|
| 57 | `Wire.write(Register_Z0);` | //送出Z軸g值低序位元組暫存器位址 |
| 57 | `Wire.write(Register_Z1);` | //送出Z軸g值高序位元組暫存器位址 |
| 58 | `Wire.endTransmission();` | //結束傳輸 |
| 60 | `Wire.requestFrom(ADXAddress,2);` | //請求讀取 |
| 61 | `if(Wire.available()<=2){` | //判別接收的資料數量小於等於2 |
| 62 | `Z0 = Wire.read();` | //讀取Z軸g值低序位元組資料 |
| 63 | `Z1 = Wire.read();` | //讀取Z軸g值高序位元組資料 |
| 64 | `Z1 = Z1<<8;` | //往前移8位元 |
| 65 | `Z_out = Z0+Z1;` | //16位二進制補碼格式 |
| 66 | `}` | //if 結束 |
| 67 | `Xg = X_out/256.00;` | //把X軸g值輸出結果轉換為重力加速度g,精確到小數點後2位 |
| 68 | `Yg = Y_out/256.00;` | //把Y軸g值輸出結果轉換為重力加速度g,精確到小數點後2位 |
| 69 | `Zg = Z_out/256.00;` | //把Z軸g值輸出結果轉換為重力加速度g,精確到小數點後2位 |
| 70 | `Serial.print("X= ");` | //"文字X="輸出至序列埠觀測視窗 |
| 71 | `Serial.print(Xg);` | //Xg輸出至序列埠觀測視窗 |
| 72 | `Serial.print(" ");` | //空格輸出至序列埠觀測視窗 |
| 73 | `Serial.print("Y= ");` | //"文字Y="輸出至序列埠觀測視窗 |
| 74 | `Serial.print(Yg);` | //Yg輸出至序列埠觀測視窗 |
| 75 | `Serial.print(" ");` | //空格輸出至序列埠觀測視窗 |

| 76 | Serial.print("Z= "); | // "文字 z=" 輸出至序列埠觀測視窗 |
| 77 | Serial.print(Zg); | //Zg 輸出至序列埠觀測視窗 |
| 78 | Serial.print("\n "); | //序列埠觀測視游標跳到下一行 |
| 79 | lcd.clear(); | //清除 LCD 螢幕. |
| 80 | lcd.print("X="); | //使屏幕顯示文字 X= |
| 81 | lcd.print(Xg); | //使屏幕顯示 Xg |
| 82 | lcd.setCursor(8, 0); | //將游標移動第 8 欄、第 0 列 |
| 83 | lcd.print("Y="); | //使屏幕顯示文字 Y= |
| 84 | lcd.print(Yg); | //使屏幕顯示 Yg |
| 85 | lcd.setCursor(0, 1); | //將游標移動第 0 欄、第 1 列 |
| 86 | lcd.print("Z="); | //使屏幕顯示文字 Z= |
| 87 | lcd.print(Zg); | //使屏幕顯示 Zg |
| 88 | delay(300); | //延遲 0.3 秒，更新頻率 |
| 89 | } | //loop 函式結束 |

練習

1. 請使用 6 個 LED 設計分別可以顯示三軸重力加速度感測器+X、–X、+Y、–Y 與+Z、–Z 六個方向傾斜指示。

## 實驗 9-10　無線傳輸控制實驗(315MHz RF 模組)

**目的** 了解如何使用便宜的 315MHz RF 模組來做無線傳輸資料,無線傳輸的發射模組連接到 Arduino Uno 開發板,無線接收模組連接 LED 燈,學習撰寫 Arduinod 控制程式來產生霹靂燈的 LED 移動資料,並由無線傳輸模組無線遙控 LED 燈做霹靂燈的來回移動點亮。

**功能** 利用 Arduino 第 2～5 隻數位接腳產生 4 位元的霹靂燈的 LED 移動資料,由 315MHz RF 模組來做無線傳輸資料,完成遙控 4 個 LED 燈左右來回燈光變化,程式一開始單一燈向左移動顯示,然後反方向,向右移動顯示如此一直重覆執行。

**原理** 本實驗中使用由欣沂科技所開發的 315MHz RF 模組 SHY-J6122TR 如圖 9-10-1 所示,將無線發射和無線接收模組一起出售,同時為了避免同樣的無線頻率資料會被無線接收模組接收,而使無線傳輸錯誤,在無線傳輸的發射模組會加上編碼晶片(IC),而在無線傳輸的接收模組會加上解碼 IC,編解碼 IC 也是一對,一起購買,而且目前編解碼 IC 又分為兩種,一種是固定式編碼,一種是滾動式編碼,固定式編解碼 IC 由於每次發射的無線電編碼都是固定的,假如有心人要破解無線電編碼,只要在附近接收同頻率無線電就很容易知道無線電如何編碼而做出一模一樣的無線發射編碼,這時無線傳輸被破解,就好像被別人複製鑰匙一樣,非常不安全,為解決此項缺點就開發出滾動式編解碼的 IC,使每一次無線電發射出的編碼多會隨機事的滾動式改變,就很難破解一直在改變的編碼法,所以可使無線傳輸距有很高的安全性。本實驗由於只是要簡單做出無線傳輸控制霹靂燈的來回移動功能,選用非常普遍的固定式編碼 IC HT12E 和解碼 IC HT12D,HT12E 如圖 9-10-2 所示為 18PIN DIP 包裝,適合用於麵包板上,有 8 個位址接腳(A0～A7)為編碼資料,可接上如圖 9-10-3 所示的 DIP 8 switch 來設定,因 $2^8$=256,可有 256 種不同編碼,在實驗室中要確保不同組別的編碼要不同,可用組別編號來設定此編碼,另外 HT12E 一次可傳輸 4 位元資料(AD8～AD11),用來傳輸 4 顆 LED

的霹靂燈來回移動資料，由 Arduinod 控制程式來產生。而解碼 IC HT12D 如圖 9-10-4 所示同樣有 8 個位址接腳(A0～A7)為解碼資料，也是用 DIP 8 switch 來設定，編解碼設定的碼需相同才能傳輸資料，HT12D 一次可接收 4 位元資料(D8～AD11)，用來連接 4 顆 LED 顯示來回移動的霹靂燈。

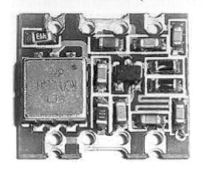
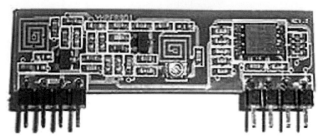

◎ 圖 9-10-1　315MHz RF 模組 SHY-J6122TR 的實體圖(參考欣沂科技公司資料)

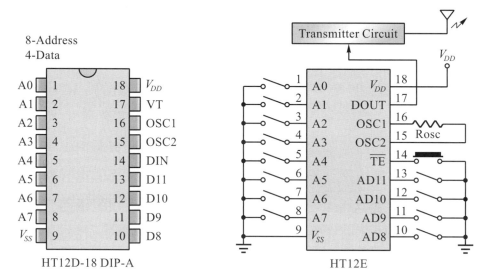

◎圖 9-10-2　HT12E 接腳圖和應用電路(參考 HOLTEK HT12E 資料手冊)

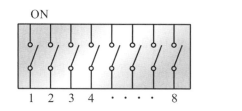

◎ 圖 9-10-3　DIP 8 switch 接腳和實體圖

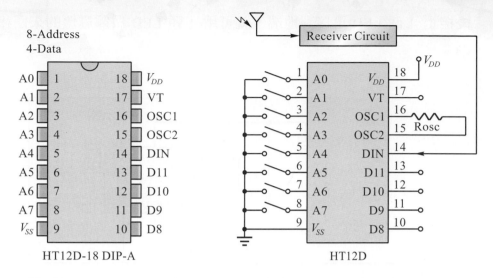

◎ 圖 9-10-4　HT12D 接腳圖和應用電路(參考 HOLTEK HT12E 資料手冊)

電路　本實驗電路圖分為兩部分包括圖 9-10-5 由 Arduino Uno 產生控制霹靂燈的無線發射電路和圖 9-10-6 由無線接收電路將接收資料控制 4 顆 LED 燈做霹靂燈的顯示電路。無線發射電路是 Arduino Uno 使用 4 支 IO 腳位接到 HT12E 編碼 IC 的 AD8～AD11 接腳，編碼 IC 將 4 支 IO 腳位的資料編碼成串列資料，經由 DOUT 輸出到 315MHz RF 模組 SHY-J6122TR 的發射模組 SHY-TSAW ASK Transmit，HT12E 編碼 IC 的 A0～A7 接 DIP 8 switch，因 HT12E 內部有 Pull HIGH 電路，所以 DIP 8 switch 另一端的 8 支接腳接地即可，發射模組 SHY-TSAW 的 DIN 接腳接上 HT12E 的 DOUT 接腳，提供 SHY-TSAW 電源 5V 同時在 ANT 天線接腳連上 20～35cm 的單芯線來當天線，就能將 Arduino Uno 的霹靂燈控制資料無線發射出去。無線接收電路由 SHY-RSD1 ASK Receiver 接收模組接收資料，SHY-RSD1 ASK Receiver 接收模組上面的 PCB 已有天線，所以應不用在加天線，SHY-RSD1 無線接收模組接收的資料由 DOUT 接腳傳輸到 HT 12D 解碼 IC 的 DIN 接腳，HT12D 的 A0～A7 接 DIP 8 switch，DIP 8 switch 另一端的 8 支接腳也是接地即可，HT12D 的 D8～D11 接上 4 個限流電阻 220Ω

後接上 4 個 LED 再接到地端，就可用 4 顆 LED 做霹靂燈的來回移動顯示。

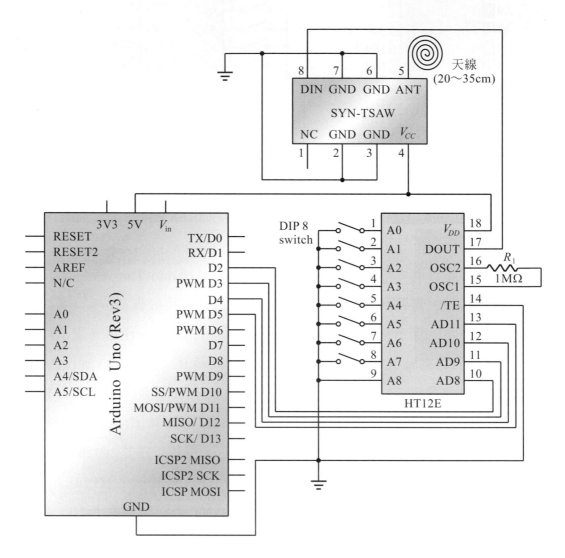

◎ 圖 9-10-5　Arduino Uno 對應無線發射電路的接腳圖

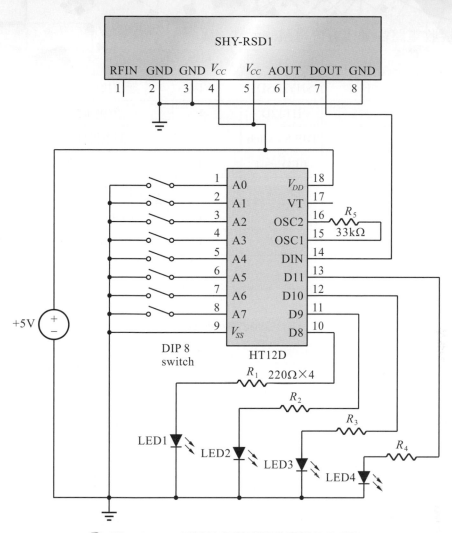

◎ 圖 9-10-6　無線接收電路驅動霹靂燈電路圖

元件

1. Arduino Uno 對應無線發射電路的元件

| 編號 | 元件項目 | 數量 | 元件名稱 |
|---|---|---|---|
| 1 | SHY-TSAW | 1 | 無線發射模組 |
| 2 | HT12E | 1 | 編碼 IC |
| 3 | DIP 8 switch | 1 | 8 個指撥開關 |
| 4 | Arduino UNO | 1 | Arduino 開發板 |
| 6 | $R_5$ | 1 | 1MΩ 電阻 |
| 7 | 天線 | 1 | 單芯線(20～35cm) |

2. 無線接收電路驅動霹靂燈電路的元件

| 編號 | 元件項目 | 數量 | 元件名稱 |
|---|---|---|---|
| 1 | SHY-RSD1 | 1 | 無線接收模組 |
| 2 | HT12D | 1 | 解碼 IC |
| 3 | DIP 8 switch | 1 | 8 個指撥開關 |
| 4 | LED1～4 | 4 | 發光二極體 |
| 6 | $R_{1\sim4}$ | 4 | 220Ω 限流電阻 |
| 7 | $R_5$ | 1 | 33kΩ 電阻 |
| 8 | +5V | 1 | 電源 |

程式

### 4led_wireless

| 行號 | 程式敘述 | 註解 |
|---|---|---|
| 1 | int led_run[2][8] ={{2, 3, 4, 5}, | //定義霹靂燈左移接腳順序編號 |
| 2 | { 5, 4, 3, 2 } }; | //定義霹靂燈右移接腳順序編號 |
| 3 | int led_num=0; | //定義 led 接腳變數 |
| 4 | int l_or_r=0; | //定義霹靂燈左移或右移變數 |
| 5 | void led_dark(){ | //將 4 顆 LED 全部熄滅副程式 |
| 6 | for(led_num=2;led_num<=5;led_num++) | //使用 for 迴圈，控制 Arduino 第 2 隻接腳依序控制到第 5 隻接腳來熄滅所有的 LED 燈 |
| 7 | digitalWrite(led_num,LOW); | //將 Arduino 第 2 隻接腳依序控制到第 5 隻接腳均輸出 LOW 來熄滅所有的 LED 燈 |
| 8 | delay(1000); | //呼叫延遲函式等 1000 毫秒 |
| 9 | } | //結束 4 顆 LED 全部熄滅副程式 |
| 10 | void setup(){ | //只會執行一次的程式初始式數 |

| 11 | `for(led_num=2;led_num<=5;led_num++)` | //使用 for 迴圈，設定 Arduino 第 2 隻接腳依序到第 5 隻接腳 |
|---|---|---|
| 12 | `pinMode(led_num,OUTPUT);` | //規劃 4 顆 LED 接腳爲輸出模式 |
| 13 | `}` | //結束 setup() 函式 |
| 14 | `void loop(){` | //永遠周而復始的主控制函式 |
| 15 | `led_dark();` | //呼叫 led_dark() 將 4 顆 LED 全部熄滅，因爲 LED 接腳設定爲數位輸出時爲 LOW 會點亮 LED，若無此副程式會讓 4 顆 LED 亮 4 秒 |
| 16 | `for(l_or_r=0;l_or_r<2;l_or_r++){` | //使用雙層 for 迴圈來完成 4 個 LED 燈左右來回燈光變化，外層 for 迴圈設定先 0 代表左移 (陣列第一行)，再 1 代表右移 (陣列第二行)。 |
| 17 | `for(led_num=0;led_num<4;led_num++)` | //內層 for 迴圈由陣列查表得 Arduino 接腳順序設定 |
| 18 | `{digitalWrite(led_run[l_or_r][led_num], HIGH);` | //Arduino 接腳設定爲 HIGH 讓 LED 燈點亮，控制單一 LED 燈向左和向右移動顯示 |
| 19 | `delay(1000);` | //呼叫延遲函式等 1000 毫秒，內層 for 迴圈結束 |
| 20 | `digitalWrite(led_run[l_or_r][led_num], LOW);}` | //Arduino 接腳設定爲 LOW 讓同一顆 LED 燈熄滅 |
| 21 | `led_dark();` | //呼叫 led_dark() 將 4 顆 LED 全部熄滅 |
| 22 | `}` | //雙層 for 迴圈結束 |
| 23 | `}` | //結束 loop() 函式 |

說明 4led_wireless.ino 是控制霹靂燈亮滅的韌體程式。圖 9-10-7 是本程式的主要控制流程，一開始先用 led_run 矩陣設定 4 顆 LED 燈點亮的順序，而只會執行一次的程式初始式設定規劃 4 顆 LED 腳爲輸出模式，進入永遠周而復始的主控制函式後，將 4 顆 LED 接腳的數位輸出爲 LOW 時熄滅 LED，使 4 顆 LED 重置爲全部熄滅，接著使用雙層 for 迴圈依照 led_run 矩陣設定，數位輸出設定爲 HIGH 來順序點亮 4 顆，每一顆點亮時間爲呼叫延遲副程式 delay(1000)，單位爲毫秒(ms)，設定 1000 即點亮 1 秒，之後數位輸出設定爲 LOW 來熄滅 LED，如此永遠周而復始的主控制函式使得 LED 一直重覆左到右，接著右到左移動。

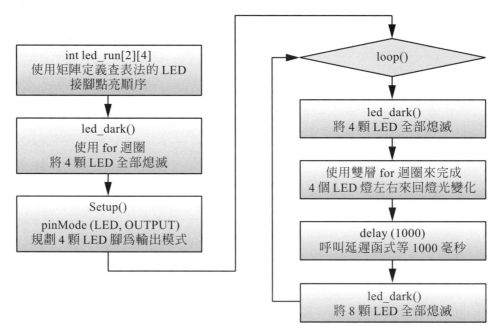

◎ 圖 9-10-7　4led_wireless.ino 程式的主要控制流程圖

練習 設計用無線傳輸模組使 Arduino UNO 可無線控制三種顏色 LED 紅綠黃各 4 顆模擬交叉路口的紅綠燈號誌系統，使得亮紅燈 30 秒，亮綠燈 30 秒，亮黃燈 5 秒閃爍 1 秒 1 次(0.5 秒亮，0.5 秒暗)。

## 實驗 9-11　藍芽模組設定與配對實驗

目的 學習如何檢查與設定藍芽模組並學習藍芽模組之間如何配對通訊。

功能 本實驗將示範藍芽模組檢查與設定方法與程序，透過正確設定，藍芽模組可以完成配對通訊，完成配對的兩個藍芽模組才能找到彼此以進行通訊應用。

原理 目前藍芽無線在消費電子通訊的應用上是最普及的共通的標準。Erisson、Intel、IBM、NOKIA、Toshiba 在 1998 年成立了藍芽小組(Bluetooth Special Interest Group，SIG)；1999 年藍芽 1.0 規格出爐，它提供 1Mbps 的傳輸速率；2005 年 Bluetooth 成為 IEEE 802.15.1 標準；2004 年再提出 3Mbps 傳輸速率的藍芽 2.0 規格；2009 年推出 Bluetooth 3.0＋HS(High Speed)，它支援在 10 公尺範圍內將傳輸速率提升到 24Mbps；2010 年又推出低功耗 Bluetooth 4.0，改善耗電問題。

藍芽使用跳頻展頻(Frequency Hopping Spread Spectrum，FHSS)技術運作於 2402～2480MHz 頻段上，並採特定跳頻方式同步地在 79 個頻寬為 1MHz 的頻道上傳送訊號。一般 Class 3 傳輸功率為 1 mW (0 dBm)時的涵蓋範圍約為 1 公尺；若需涵蓋範圍達 100 公尺則須用到 Class 1 等級、亦即 100 mW (20dBm)的傳輸功率，這需要高輸出功率特殊晶片才能達到。藍芽的理論資料速率最低為 1 Mbps，最高可達 24 Mbps。

本實驗使用如圖 9-11-1 所示 iteadstudio 公司的 BTBee HC-05 與 BTBee HC-06 藍芽模組。基本上要使用藍芽模組作為資料的無線傳輸介面，並不需要懂得太多藍芽技術，只要遵循下述 BTBee 模組的接腳定義與設定程序，並接到 Arduino UNO 板上，即可像串列通訊般的使用它。HC-05 與 HC-06 藍芽模組外觀相似，HC-05 可擔任藍芽主端或從端，而 HC-06 只能擔任藍芽從端。藍芽通訊由主端起始通訊後，從端才能加入這個通訊。

BTBee 外型尺寸採用與 XBEE*相容的插座設計，圖 9-11-2 為 BTBee HC-06 模組的頂視圖與必要腳位對應圖，表 9-11-1 則說明 BTBee HC-06 常用腳位功能。

(*註：XBee 是知名的 Digi International 公司所定義的模組尺寸與腳位規格，BTBee 則是將藍芽晶片做成外觀與 XBee 規格相符的模組)

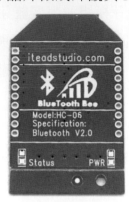

◎ 圖 9-11-1　BTBee 無線通訊模組的實體頂視圖(照片參考自 iteadstudio 公司)

◎ 圖 9-11-2　BTBee HC-06 模組的腳位對應圖

◎ 表 9-11-1　BTBee 腳位功能說明

| 腳位 | 功能 | 說明 |
|---|---|---|
| 1 | VCC | 3.3V 正電源 |
| 2 | TX | 傳送 |
| 3 | RX | 接收 |
| 5 | Reset | 重置 |
| 10 | GND | 0V 接地 |
| 其它 | NC | 未使用 |

BTBee HC-05 與 HC-06 藍芽模組外觀雖然相似，但 BTBee HC-05 可規劃成藍芽主端或從端，因此如圖 9-11-3 所示，在其模組下方多了兩個按鈕 (左下方為 Mode 按鈕、右下方為 Reset 按鈕)與一個撥動開關(撥左方為 COM 模式、撥右方為 Upload 模式)。表 9-11-2 說明 BTBee HC-05 模組的 LED、按鈕、與開關元件的功能。

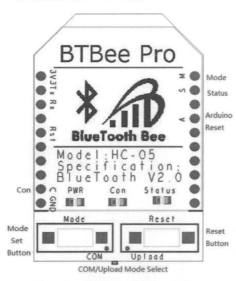

◎ 圖 9-11-3 BTBee HC-05 模組的頂視圖(參考自 iteadstudio 公司)

◎ 表 9-11-2 BTBeeHC-05 模組的元件功能說明

| 元件名稱 | 操作 | 功能說明 |
|---|---|---|
| PWR LED | 無 | BTBee 模組通電時亮 |
| CON LED | 無 | BTBee 模組未成功連結配對時閃爍；成功連結配對時恆亮 |
| Status LED | 無 | 無資料通訊時，慢閃；有資料通訊時，持續倍速快閃(但每 2 秒間斷停止在快閃) |
| 撥動開關 | 撥左方 | COM 模式：BTBee 正常通訊模式 |
| 撥動開關 | 撥右方 | Upload 模式：設定 BTBee 或上載 BTBee 韌體 |
| Reset 按鈕 | 按下 | BTBee 模組重設 |
| Mode 按鈕 | 按下 | BTBee 進入 AT 命令設定模式。 |

注意：
1. 正確進入 AT 命令設定模式的操作順序是先撥動開關至 Upload 模式，按住 Mode 按鈕，再按下 Reset 按鈕，然後先放掉 Reset 按鈕，等 Satus 燈號變慢閃時，再放掉 Mode 按鈕，此時 BTBee 才進入 AT 命令設定模式。
2. 撥動開關切至 COM 模式，再按下 Reset 鈕，BTBee 回到一般通訊模式。

藍芽模組在使用前必須先設定正確模式、鮑率與密碼(PIN)，其設定程序將在下一小節實驗電路中說明。

電路 BTBee 的插座腳位間距採用 2mm，這比一般實驗電路麵包板的 2.54mm 間距要小，因此無法將 BTBee 插入一般麵包板，而必須使用 BTBee 規格的轉板，BTBee 轉板不難在電子零件材料行購得。本實驗採用 Digi 公司的 XBIB-U-Dev 發展板，如圖 9-11-4 所示 XBIB-U-Dev 發展板上有一 XBee 規格的插座可以插入 BTBee。除了 XBIB-U-Dev 發展板外，Digi 公司有另一款 XBIB-R-Dev 發展板，它與 PC 的介面則是採用 RS232 接頭。

◎ 圖 9-11-4　BTBee HC-05 與 XBIB-U-Dev 發展板

XBIB-U-Dev 可以 USB 連線至筆電，筆電上必須進行下列軟體安裝：

(1) 可至 Digi 公司下載與安裝 XBIB-U-Dev 的驅動程式，請留意驅動程式有分作業系統版本。安裝完成後，可以在筆電上裝置管理員內看到新增的 COM 埠，這是 XBIB-U-Dev 驅動程式將 USB 轉 UART 後，所模擬產生的虛擬 COM 埠。如果是用 XBIB-R-Dev 發展板，則需使用不同版本的驅動程式。

(2) 利用 Google 搜尋(XCTU,Software,Digi)3 個關鍵字,找到 Digi 公
司網站上的 XCTU 軟體,下載 XCTU 並安裝之。XCTU 除有類似超
級終端機的功能之外,還有針對 XBEE 設定所需的各種設定功能的
特殊操作介面,本實驗即使用 XCTU 來設定 BTBee。當然使用者也
可以使用其他如 CoolTerm 或 TeraTerm 等終端機模擬軟體來設定
BTBee。

◎ 圖 9-11-5 　BTBee HC-05 插上 XBIB-U-Dev

元件

◎ 表 9-11-3 　本項實驗用元件表

| 編號 | 元件項目 | 數量 | 元件名稱 |
|---|---|---|---|
| 1 | XBIB-U-Dev | 1 | BTBee 開發板 |
| 2 | BTBee HC-05 | 1 | 藍芽主模組(Master) |
| 3 | BTBee HC-06 | 1 | 藍芽從模組(Slave) |

程序

(1) 啓動 XCTU 後,可看到 XCTU 的畫面如圖 9-11-6 所示。首先點選[PC Settings]
標籤,檢視[Com Port Setup]框面上[Select Com Port]列式清單,以滑鼠點選
圖中橢圓指標處的(Com9),以選用 Com9 作爲 XCTU 與 XBIB-U-Dev 板連
線的串列通訊埠。請留意通訊埠參數(Baud, Data Bits, Parity, Stop Bits)分別
設爲(9600, 8, NONE, 1),這是因爲大多數藍芽模組的出廠預設串列通訊埠
參數值都是如此,萬一無法連上藍芽模組,可以嘗試其他 Baud 率,如 19200
bps 或 38400 bps,或直接洽詢藍芽模組供應商。(筆者經驗分享:雖然有些
藍芽模組規格書上載明 38400 bps,但實際上仍是 9600 bps,如果使用者完
全按照規格書來設定,可能將無法完成設定工作)。

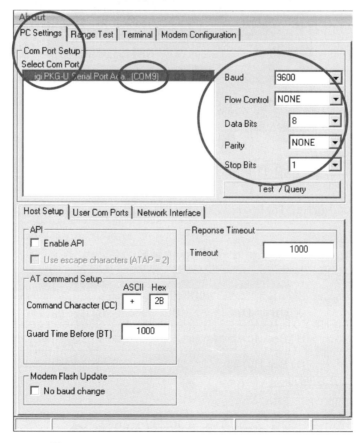

◎ 圖 9-11-6 XCTU 的串列通訊埠設定畫面

(2) 滑鼠點選圖 9-11-7 畫面上的[Terminal]標籤、再點選[Assemble Packet]子標籤。這是 XCTU 的虛擬終端機操作畫面,雖然使用者可以直接在[Terminal]框面下方直接輸入設定指令,但它是直接送出每一鍵入的字元到串列埠,如果打錯字是無法修改的。筆者建議利用[Assemble Packet]框面去鍵入設定指令,在這框面的文字欄位中使用者可像一般編輯器操作一樣,去做必要的設定指令修正,直到按下<Enter>鍵或按框面下方[Send Data]鈕,才會將設定指令送出到串列埠,亦即送給藍芽模組做設定。

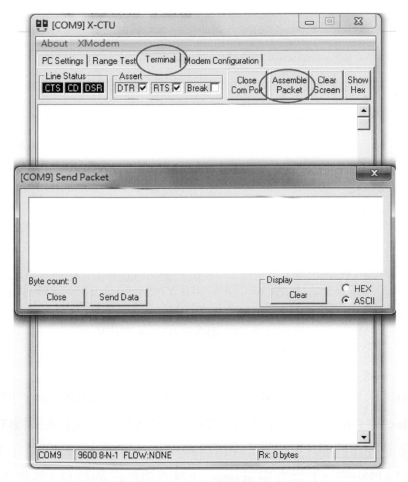

◎ 圖 9-11-7　終端機操作介面

(3) 接下來檢查 XCTU 與 BTBee 通訊是否正常。使用者在[Assemble Packet]框面的文字欄位中鍵入 AT 指令並按[Send Data]鈕，將指令送到 BTBee，如圖 9-11-8 所示，[Terminal]框面的文字欄位同時 echo 出 AT 指令，並將 BTBee 回應的 OK 訊息緊接著顯示於 AT 之後。看到 OK 即表示目前 XCTU 與 BTBee 的串列通訊埠設定是正確的。如果不幸沒回 OK，使用者必須回到步驟(1)，嘗試其他 Baud 率設定，直到下達 AT 指令之後可出現 OK 回應為止。

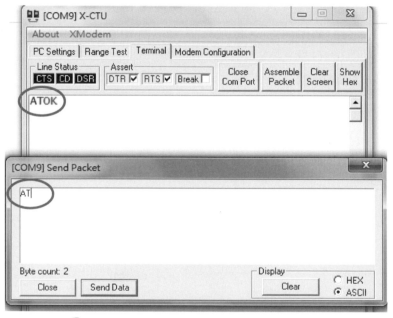

◎ 圖 9-11-8　AT 指令與 BTBee 回應檢查

(4) 當 XCTU 與 BTBee 的串列通訊埠連線正常，亦即鍵入 AT 指令後可見到 BTBee 的 OK 回應，使用者即可利用其他 AT 指令進行相關 BTBee 的檢查與設定。常用的 AT 指令如表 9-11-4，圖 9-11-9 則是示範如何設定 PSWD(PIN)的 AT 指令與 BTBee 回應成功設定的訊息。其他 AT 指令的設定方式，基本上和這個範例相似。

◎ 表 9-11-4　常用 AT 指令

| AT 指令 | BTBee 回應 | 說明 |
|---|---|---|
| AT | OK | 連線檢查 |
| AT+VERSION？ | 韌體版本 | 檢查 BTBee 韌體版本資訊 |
| AT+ADDR？ | 唯一的硬體位址 | 檢查 BTBee 的 MAC 位址 |
| AT+PSWD？ | 1234 | 檢查 BTBee 的 PIN 碼<br>(出廠預設通常是 1234) |
| AT+PSWD=2014 | OKsetPIN | 設定 BTBee 的 PIN 碼爲 2014 |
| AT+NAME？ | BTBeeXXXX | 檢查 BTBee 的名稱 |
| AT+NAME=Snode | OKsetName | 設定 BTBee 的名稱爲 Snode |
| AT+ROLE？ | 0 或 1 | 檢查 BTBee 角色是主或從。<br>0 表示從(Slave)，1 表示主(Master)。 |
| AT+ROLE=0 或 1 | OKsetRole | 至少須有一 BTBee 設定爲主，其他爲從。 |
| AT+CMODE？ | 0 或 1 | 檢查 BTBee 的連線模式。<br>0：連線至指定 MAC<br>1：連線至任意 MAC |
| AT+CMODE=1 | OKsetCMODE | Master 應將 CMODE 設爲 1 |
| AT+UART？ | 9600,0,0 | 檢查 BTBee 串列埠參數：9600bps，1 個 Stop Bit，None Parity。 |
| AT+UART=9600,0,0 | OKsetUART | 設定 BTBee 的串列埠 |

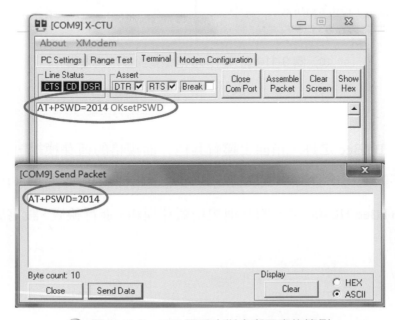

◎ 圖 9-11-9　PIN 碼設定指令與回應的範例

(5) 主與從 BTBee 檢查與設定完成後，對主 BTBee 與從 BTBee 送電，可發現兩個 BTBee 上的連線(Con)指示 LED 快速閃爍，這表示從 BTBee 正在尋找主 BTBee，等到跳頻同步了，且 PSWD(PIN)碼設定也相同時，連線指示 LED 會停止閃爍，並維持恆亮，這表示雙方已配對完成，可以進行正常資料通訊了。

說明 通常檢查與設定 BTBee 的流程如圖 9-11-10 所示。

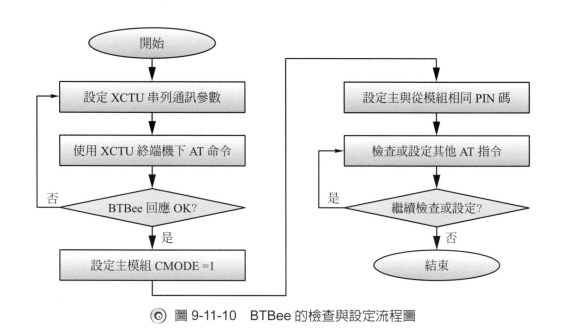

◎ 圖 9-11-10　BTBee 的檢查與設定流程圖

練習 除了 BTBee 之外，市面上還有其他介面規格的藍芽模組，但除了接腳規格不同之外，連線方式與設定程序是很相似的。試著使用 BTBee HC-05 和 BTBee HC-06 之外的其他規格藍芽模組，進行檢查、設定與配對實驗。

## 實驗 9-12　藍芽傳輸控制實驗(雙向無線門鈴)

**目的** 學習 Arduinod UNO 與藍芽模組之間如何接線、學習撰寫 Arduinod UNO 藍芽無線通訊程式，並透過藍芽來傳輸資料至遠端另一片 Arduino UNO 開發板。

**功能** 本實驗將示範一種雙向無線門鈴的設計案例。實驗中將使用與 XBee 模組接腳相容的藍芽無線通訊模組(BTBee)兩個，分別做為門口與室內用的兩片 Arduino UNO 開發板間無線通訊的介面。操作者先按下門口 Arduino UNO 所接的(門鈴)按鈕後，此"按鈴"指令會經 BTBee 送出至室內 Arduino UNO，室內 Arduino UNO 由 BTBee 接收到"按鈴"指令後控制蜂鳴器發出響鈴聲，通知屋主有客人來訪。

**原理** 本實驗單純使用 iteadstudio 公司的 BTBee HC-05 與 BTBee HC-06 藍芽模組作為少量控制資料的無線傳輸介面，因此並不需要懂得太多藍芽技術，只要遵循《實驗 9-11》的配對設定步驟，並按照 BTBee 模組的接腳定義接到 UNO 板上，即可像串列通訊般的使用它。BTBee HC-05 與 BTBee HC-06 藍芽模組外觀相似，BTBee HC-05 可擔任藍芽主端或從端，而 BTBee HC-06 只能擔任藍芽從端。藍芽通訊由主端起始通訊後，從端才能加入這個通訊。

**電路** 連接 Arduino UNO 和 BTBee 時，請留意雙方的 TX/RX 必須相互交叉，才能正確進行通訊。

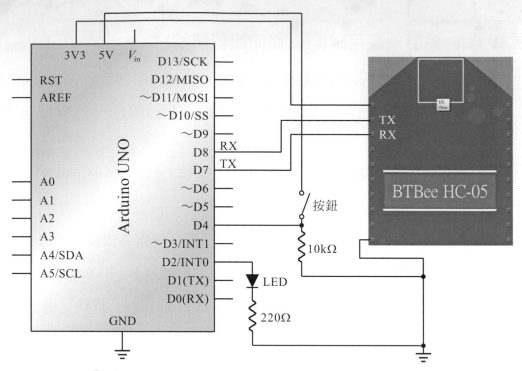

◎ 圖 9-12-1　門口端 Arduino UNO 與 BTBee 接腳電路圖

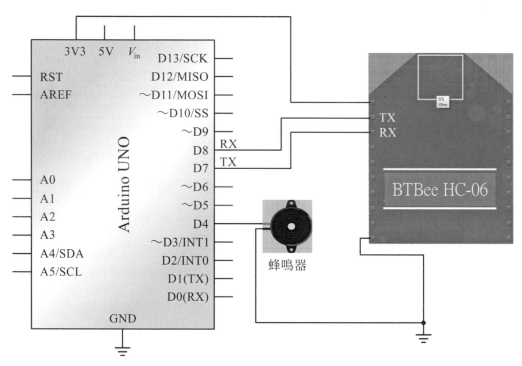

◎ 圖 9-12-2　室內端 Arduino UNO 與 BTBee 接腳電路圖

元件

◎ 表 9-12-1　本項實驗用元件表

| 編號 | 元件項目 | 數量 | 元件名稱 |
|---|---|---|---|
| 1 | Arduino UNO | 2 | Arduino 開發板 |
| 2 | BTBee HC-05 | 1 | 藍芽主模組(Master) |
| 3 | BTBee HC-06 | 1 | 藍芽從模組(Slave) |
| 4 | Tack Button | 1 | 按鈕作為門鈴 |
| 5 | LED | 1 | 指示燈 |
| 6 | Buzzer | 1 | 蜂鳴器 |

程式

**BT_Door**

| 行號 | 程式敘述 | 註解 |
|---|---|---|
| 1 | #include <SoftwareSerial.h> | //納入軟式串列埠(SoftUART)函式庫 |
| 2 | SoftwareSerial BT(8,7); | //定義軟式串列埠 RX,TX 腳位給藍芽模組用 |
| 3 | void setup() { | |
| 4 | pinMode(4,INPUT); | //定義門鈴按鈕的輸入腳位 |
| 5 | pinMode(2,OUTPUT); | //定義門鈴 LED 的輸出腳位 |
| 6 | BT.begin(9600); | //初始設定藍芽用串列埠的傳輸速率 |
| 7 | } | |
| 8 | void loop() { | |
| 9 | if (digitalRead(4)==HIGH) | //檢查門鈴按鈕是否按下 |
| 10 | BT.write('R'); | //假如按下按鈕則送'R'(Ring)字元至室內蜂鳴器 |
| 11 | if (BT.available()) | //等室內側的藍芽回應 |
| 12 | if (BT.read()=='A') | //假如收到確認字元'A'(ACK) |
| 13 | LEDblink(); | //呼叫 LED 致能函式 |
| 14 | delay(100); | //等待 100ms 避免室內側來不及回應 |
| 15 | } | |
| 16 | void LEDBlink() { | |

| 17 | `for (int i=0; i<3; i++){` | //LED 閃爍 3 次 |
| 18 | `    digitalWrite(2,HIGH);` | //LED 亮 |
| 19 | `    delay(100);` | //延遲 100ms |
| 20 | `    digitalWrite(2,LOW);` | //LED 滅 |
| 21 | `    delay(50);` | //延遲 50ms |
| 22 | `  }` | |
| 23 | `}` | |

### BT_Buzzer

| 行號 | 程式敘述 | 註解 |
| --- | --- | --- |
| 1 | `#include <SoftwareSerial.h>` | //納入軟式串列埠(SoftUART)函式庫 |
| 2 | `SoftwareSerial BT(8,7);` | //定義軟式串列埠 RX,TX 腳位給藍芽模組用 |
| 3 | `void setup() {` | |
| 4 | `  pinMode(4,OUTPUT);` | //定義蜂鳴器的輸出腳位 |
| 5 | `  BT.begin(9600);` | //初始設定藍芽用串列埠的傳輸速率 |
| 6 | `}` | |
| 7 | `void loop() {` | |
| 8 | `  if (BT.available())` | //檢查藍芽串列埠是否收到門口側(Door)藍芽送來的訊息 |
| 9 | `    if (BT.read()=='R'){` | //假如收到門口按鈴'R'(Ring)字元 |
| 10 | `      BT.write('A');` | //回應確認字元'A'(ACK)至門口側 |
| 11 | `      buzzerON();      }` | //呼叫蜂鳴器致能函式 |
| 12 | `}` | |
| 13 | `void buzzerON() {` | |
| 14 | `  for (int i=0;i<3;i++){` | //蜂鳴器間歇叫 3 次 |
| 15 | `    digitalWrite(4,HIGH);` | //蜂鳴器 ON |
| 16 | `    delay(100);` | //延遲 100ms |
| 17 | `    digitalWrite(4,LOW);` | //蜂鳴器 OFF |
| 18 | `    delay(50);` | //延遲 50ms |
| 19 | `  }` | |
| 20 | `}` | |

說明 程式執行流程如圖 9-12-3 所示，實驗前務必確認門口端與室內端 BTBee 模組確實能完成配對，才能確保本實驗能正常運作。詳細配對檢查程序請參閱《實驗 9-11》。

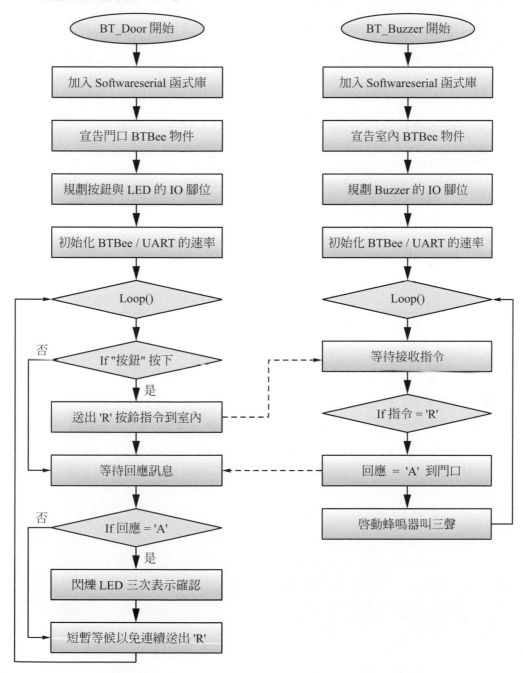

◎ 圖 9-12-3　藍芽雙向無線通訊門鈴的控制流程圖

練習 試著擴充本實驗，在門口 Arduino IDE 和室內 Arduino IDE 分別啓用序列埠監看視窗。擴充 BT_Door.ino 和 BT_Buzzer.ino 程式，使操作者先按下門口 Arduino UNO 的(門鈴)按鈕後，此"R"按鈴指令會經 BTBee 送出至室內 UNO，室內 UNO 由 BTBee 接收到"R"指令後，除了控制蜂鳴器發出鈴響聲之外，並將"R"送到室內 Arduino IDE 的序列埠監看視窗加以顯示。在室內 Arduino UNO 回送"A"確認訊息至門口 Arduino UNO 時，門口 Arduino UNO 亦將此"A"訊息送到門口 Arduino IDE 的序列埠監看視窗加以顯示。

# CHAPTER 10

# 進階練習

## 實驗 10-1 簡易測頻儀實作

目的 學習 Arduino 使用外部中斷與 Timer 中斷方法,利用紅外線測距感測器模組製作一個簡易測頻儀,可以測量旋轉體的轉速。

功能 早期的測頻儀使用兩種測量方式,分別為氙燈頻閃儀和接觸式測量頻閃儀。氙燈頻閃儀是以一定頻率快速閃動的光源,觀測高速旋轉或運動的物體,透過手動調節頻閃儀的閃動頻率,使其與被測物的轉動速度接近並同步時,被測物雖然在高速運動著,但看上去卻是緩慢運動或相對靜止的。這種視覺暫留現象,使人目測就能輕易觀測高速運動的運行狀況,所以氙燈閃頻儀是以非接觸方式測量同步轉速,或動態高速攝影的一種工具。但是氙燈閃頻儀缺點為壽命不長、成本高及穿透力差且體積大、電路複雜、單價昂貴及高耗電等，此外還需手動調整閃光頻率造成使用上的不便。另一種接觸式測量頻閃儀則使用探針直接接觸待測旋轉體，探針量測感測器採集到的轉速數據資料需經過儀器內部的電子分析換算成 RPM 轉速，其缺點是高耗損，且這種量測方法大多數用於低轉速 20 至 8000RPM 的量測。

原理 本實作使用 SHARP 的紅外線測距感測器類似於在實驗 9-9：紅外線測距實驗(LCD 顯示)裡使用的紅外線測距感測器，型號是 GP2Y0D810Z0F，也是使用發光二極體發射紅外線，然後用光電晶體元件來接收碰到障礙物反射回來的紅外線強弱來量測距離，本型號的量測距離是 2cm to 10cm。但在此實作中使用 GP2Y0D810Z0F 測距感測器製作一個簡易測頻儀，亦即利用發光二極體發射紅外線，投射在待測旋轉體可以反射的點上，反射到光電晶體元件上，透過 Arduino 計算光感測器接收紅外線的脈衝數，經轉換後由 LCM 自動顯示待測旋轉體的 RPM 轉速。程式上會使用外部中斷 INT 0 來偵測光感測器接收紅外線的脈衝，利用 Timer 中斷方法，每一秒來統計光感測器接收紅外線的脈衝數，然後換算成每分鐘轉速(RPM)顯示在 LCM 上，整個系統如圖 10-1-1 所示。有關外部中斷方法請參閱 Chapter 8，現就 Timer 中斷說明如下：

Arduino UNO 開發板上使用的微處理器為 ATmega328，ATmega328 微處理器內部具有三個計時器(Timer)，本實作使用 TimerOneLibrary，此函式庫集合了一組用於設置和運用微處理器 Timer1 計時器的程式碼，最基本的用法就是讓程式定時去觸發執行某一項工作。使用時請先下載 TimerOne 函式庫，將它解壓縮之後，重新命名成 TimerOne，存入 Arduino 應用程式路徑裡的 libraries 資料夾裡面。

現在介紹 TimerOne 函式庫提供 2 個指令函式包括：Timer1.initialize ( )、Timer1.attachInterrupt ( )。

1. Timer1.initialize ( )：使用 TimerOne 程式庫所提供的各項指令之前，必須先進行初始化。

語法(Syntax)：

Timer1.initialize(microseconds);

參數(Parameters)：

microseconds：「微秒」參數，最大可能值是 8388480(約 8.3 秒)，若不設定參數，則採用預設值 1000000(1 秒)，表示 Timer1 計數到設定值就產生 Timer 中斷。

傳回值：

無

2. Timer1.attachInterrupt (function)：設定要定時觸發的中斷服務函式。

參數(Parameters)：

function:中斷服務函式，中斷服務函式必須是不接受參數而且不回傳任何參數。

傳回值：

無

電路 Arduino 開發板上的第 3～8 隻數位接腳連接 LCD 顯示器，LCD 顯示器要接電源(+5V)和地端，並將 R / $\overline{\text{W}}$ 接腳接地端，設定 LCD 顯示器只有寫入功能，LCD 的 $V_0$ 接腳接一顆 1kΩ 電阻到地端，得到適當的螢幕亮度對比。接著紅外線測距感測器也要接電源(+5V)和地端，並將電壓輸出 $V_o$ 連接 Arduino Uno 開發板的 D2 輸入接腳，作為 INT 0 接腳使用，如圖 10-1-1 所示。

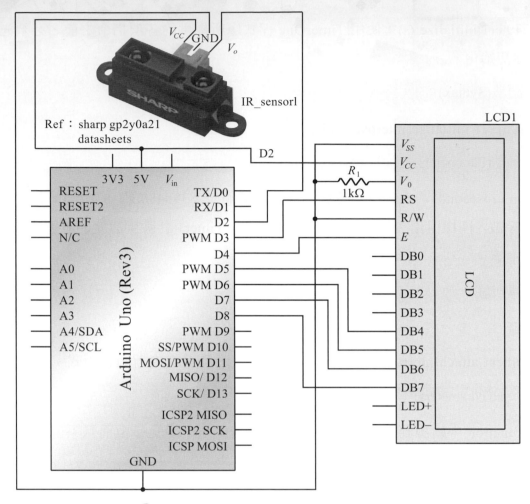

◎ 圖 10-1-1　簡易測頻儀的 LCD 顯示電路

元件

| 編號 | 元件項目 | 數量 | 元件名稱 |
|---|---|---|---|
| 1 | Arduino UNO | 1 | Arduino 開發板 |
| 2 | LCD1 | 1 | 16×2 文字型 LCD 顯示器 |
| 3 | $R_1$ | 1 | 1kΩ 電阻 |
| 4 | IR_sensor1 | 1 | 紅外線測距感測器 |

程式

//EX10_1.ino

| 行號 | 程式敘述 | 註解 |
|---|---|---|
| 1 | #include <LiquidCrystal.h> | //加入 LCD 顯示器驅動函式庫 |
| 2 | #include <TimerOne.h> | //加入 TimerOne 函式庫 |
| 3 | const int IntNum = 0; | //使用中斷編號 0 |
| 4 | const int IR = 2; | //定義紅外線測距感測器感測輸出接腳，配合中斷接在 D2 上 |
| 5 | volatile int num=0; | //宣告 num 變數，在中斷服務函式裡面使用到的全域變數，應該聲明為 volatile 變數 |
| 6 | volatile long  RPM=0; | //宣告 RPM 變數，在中斷服務函式裡面使用到的全域變數，應該聲明為 volatile 變數 |
| 7 | LiquidCrystal lcd( 3，4，5，6，7，8); | //初始化 LCD，建立物件 lcd，指定腳位。順序是 RS、Enable、D4、D5、D6、D7，要配合前面的接線順序 |
| 8 | void delay_ms(int tm){ | //延遲副程式，單位時間為 1ms |
| 9 | int im，jm，zm; | //變數宣告 |
| 10 | for (im=0; im<tm; im++){ | //計數 tm 次，延遲 tm x 1ms |
| 11 | for (jm=0; jm<481; jm++) | //計數 481 次，延遲 1ms |
| 12 | zm=im*5;} | |
| 13 | } | |

| 14 | `void setup() {` | //只會執行一次的程式初始函式 |
|---|---|---|
| 15 | `pinMode(IR, INPUT);` | //設定 IR 接腳爲輸入 |
| 16 | `attachInterrupt(IntNum, INT0_ISR, FALLING);` | //規劃外部中斷 0 連接到 INT0_ISR()中斷服務函式，FALLING 是指當紅外線接收器狀態從 HIGH 到 LOW 改變時就觸發中斷 |
| 17 | `Timer1.initialize(1000000);` | //Timer1 初始化，設定 1 秒產生中斷 |
| 18 | `Timer1.attachInterrupt( TIMER_ISR);` | //規劃 Timer1 中斷連接到 Timer1_ISR()中斷服務函式 |
| 19 | `lcd.begin(16, 2);` | //定義 LCD 顯示器爲 16x2 文字型 |
| 20 | `Serial.begin(9600);` | //將串列埠通訊鮑率設爲 9600bps |
| 21 | `Serial.println("-----Start------");` | //輸出至序列埠觀測視窗 |
| 22 | `lcd.clear();` | //清除 LCD 顯示器的文字 |
| 23 | `lcd.setCursor(0, 0);` | //設定 LCD 顯示器的座標在第一行第一字 |
| 24 | `lcd.print("Frequency Meter");` | //LCD 顯示器顯示 "Frequency Meter" |
| 25 | `lcd.setCursor(0, 1);` | //設定 LCD 顯示器的座標在第二行第一字 |
| 26 | `lcd.print("RPM >> ");` | //LCD 顯示器顯示"RPM >> " |
| 27 | `}` | //結束初始函式 |
| 28 | `void loop() {` | //啓動 loop 主控制函式 |
| 29 | `Serial.print("\n RPM : ");` | //字串輸出至序列埠觀測視窗 |

| 30 | `Serial.print(RPM);` | //測得 RPM 輸出至序列埠觀測視窗 |
|---|---|---|
| 31 | `lcd.setCursor(6，1);` | //設定 LCD 顯示器的座標在第二行第 9 字 |
| 32 | `lcd.print("      ");` | //LCD 顯示器清除資料 |
| 33 | `lcd.setCursor(6，1);` | //設定 LCD 顯示器的座標在第二行第 9 字 |
| 34 | `lcd.print(RPM);` | //LCD 顯示器顯示每分鐘轉速 |
| 35 | `delay_ms(100);` | //延遲約 100ms |
| 36 | `}` | //結束 loop()函式 |
| 37 | `void INT0_ISR() {` | //開始 INT0_ISR()中斷服務函式 |
| 38 | `num++;` | //累加光感測器的脈衝數 |
| 39 | `}` | //結束 INT0_ISR()中斷服務函式 |
| 40 | `void TIMER_ISR (){` | //開始 Timer_ISR()中斷服務函式 |
| 41 | `RPM=num*60;` | //將每秒鐘的轉速轉換成每分鐘轉速(RPM) |
| 42 | `num=0;` | //num 歸零 |
| 43 | `}` | //結束 Timer_ISR()中斷服務函式 |

說明 程式中，因使用外部中斷不可以使用內定的 delay()指令，所以自己寫一個 delay_ms()副程式。如圖 10-1-2 為本實作完成圖，實際拿來測量直流馬達的轉速，其中為了能讓紅外線反射，在輪胎上設定一個反射點(如圖上指示)，如此就可以測量直流馬達每分鐘的轉速。如圖 10-1-3 說明改變直流馬達不同轉速的測量結果。

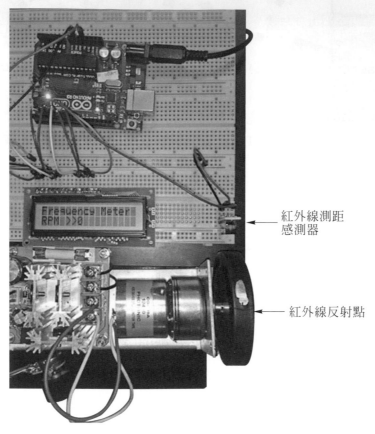

紅外線測距
感測器

紅外線反射點

◎ 圖 10-1-2　簡易測頻儀完成圖

◎ 圖 10-1-3　簡易測頻儀測量直流馬達不同轉速的結果

練習 一、利用 Timer 中斷設計時鐘，並由 16x2 文字型 LCD 顯示器來顯示。

## 實驗 10-2　循跡自走車控制實驗

**目的** 瞭解紅外線光反射型感測器工作原理及直流馬達的控制方法

**功能** 本實驗使用 5 個紅外線光反射型感測器(CNY70)、2 顆直流馬達，1 個直流馬達控制模組和自走車車體。實驗程式的設計是以 CNY70 感測黑色電工膠帶，控制左右兩顆直流馬達的轉速，使自走車延著黑色電工膠帶行走。

**原理** 1. CNY70 的外觀及內部結構，如圖 10-2-1 所示，包含紅外線發光二極體、光電晶體以及光濾波器，其功能分別是：

    (1)　紅外線發光二極體：類似發光二極體(LED)的功能，當 AK 二端加上順向偏壓時可發出波長為 800nm 的紅外線不可見光。

    (2)　光電晶體：為一個對紅外線波長具敏感反應的光偵測元件，當光電晶體受紅外線光照射時為低阻抗，而未受光時呈現高阻抗。

    (3)　光濾波器：僅讓波長為紅外線附近光譜通過的濾光透鏡，加強光電晶體的抗雜訊能力。如圖 10-2-2 為 CNY70 工作原理示意圖，電路圖如圖 10-2-3 所示。一般自走車的場地為白色底及黑色電工膠帶貼成的路徑所組成，如圖 10-2-4 所示為循跡自走車的簡易型場地。當 CNY70 處於白色位置時，紅外線會反射回光電晶體，使得輸出端 out 的電位為低電位(LOW)，反之，當 CNY70 處於黑色黑色電工膠帶時，紅外線會被吸收，不會反射回光電晶體，此時輸出端 out 的電位為高電位(HIGH)，本實驗使用益眾科技公司出產的紅外線光反射型感測模組，如圖 10-2-5 所示。此紅外線感測模組含有 5 個 CNY70 感測電路，其輸出端分別命名為 LL、ML、MM，MR 及 RR，本實驗程式的設計是將 RR 設計為 bit 0、MR 為 bit 1、MM 為 bit 2、ML 為 bit 3、MR 為 bit 4。表 10-2-1 所列之狀況是自走車在場地內跑動時，依感測電路感應黑色電工膠帶軌道的結果，除了完全偏離軌道外，向左右偏離各有 4 種偏離狀況，其中以偏左 4 或偏右 4 的狀況，偏離中心最大，程式設計時，可以利用此表格所列之狀況，控制左右馬達之轉速，使自走車順著黑色軌跡行走。

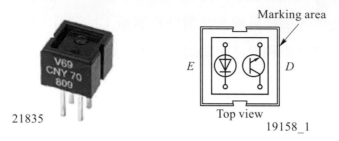

◎ 圖 10-2-1　CNY70 的外觀及內部結構

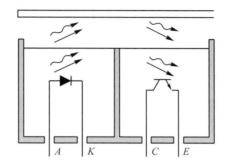

◎ 圖 10-2-2　CNY70 的工作原理示意圖

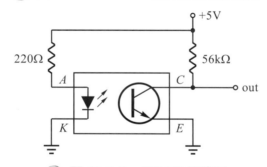

◎ 圖 10-2-3　CNY70 電路圖

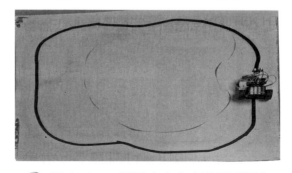

◎ 圖 10-2-4　循跡自走車之簡易型場地

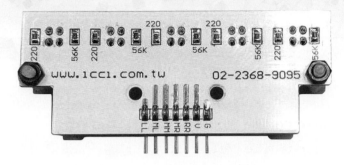

◎ 圖 10-2-5　紅外線光反射型感測模組

(資料來源：益眾科技公司)

表 10-2-1　感測電路感應黑色電工膠帶軌道的狀況

| CNY70 | | | | | 感測值 | 偏離程度 |
|---|---|---|---|---|---|---|
| LL | ML | MM | MR | RR | | |
| 0 | 0 | 0 | 0 | 0 | 0 | 完全偏離軌道 |
| 0 | 0 | 0 | 0 | 1 | 1 | 偏右 4 |
| 0 | 0 | 0 | 1 | 1 | 3 | 偏右 3 |
| 0 | 0 | 0 | 1 | 0 | 2 | 偏右 2 |
| 0 | 0 | 1 | 1 | 0 | 6 | 偏右 1 |
| 0 | 0 | 1 | 0 | 0 | 4 | 中間 |
| 0 | 1 | 1 | 0 | 0 | 12 | 偏左 1 |
| 0 | 1 | 0 | 0 | 0 | 8 | 偏左 2 |
| 1 | 1 | 0 | 0 | 0 | 24 | 偏左 3 |
| 1 | 0 | 0 | 0 | 0 | 16 | 偏左 4 |

2. 本實驗所使用的 L298N 直流馬達控制模組，請參閱實驗 9-5，車體為益眾科技公司的 Ardui Car。馬達的轉速控制技術為 PWM 方式，其中最快轉速為 255，停止為 0。而自走車的前進、左轉、右轉或停止，由下列副程式中 spd_L 和 spd_R 的值所控制，程式中 PWM_MAX=255，其動作如表 10-2-2 所示。

```
void forward(intspd_L，intspd_R){
  if(spd_R>PWM_MAX) spd_R=PWM_MAX;
  if(spd_L>PWM_MAX) spd_L=PWM_MAX;
analogWrite(Motor_L1，spd_L);
analogWrite(Motor_L2，0);
analogWrite(Motor_R1，spd_R);
analogWrite(Motor_R2，0);
}
```

表 10-2-2　spd_L、spd_R 與車子行進關係

| spd_L 和 spd_R 的關係 | 動作 |
|---|---|
| spd_L=0，　spd_R=0 | 左右兩顆馬達轉速都為 0，車子停止。 |
| spd_L = spd_R | 左右兩顆馬達轉速相同，車子直線前進。 |
| spd_L>spd_R | 左邊馬達轉速大於右邊馬達轉速時，車子會向右轉，兩者轉速相差愈大，右轉速度的越快。 |
| spd_L<spd_R | 右邊馬達轉速大於左邊馬達轉速時，車子會向左轉，兩者轉速相差愈大，左轉速度的越快。 |

電路圖

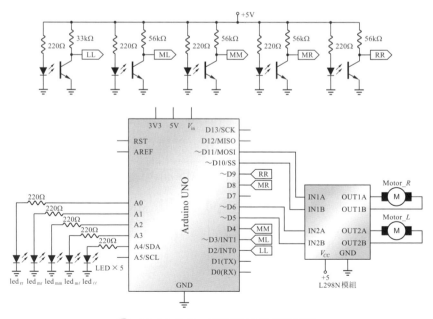

◎　圖 10-2-6　循跡自走車電路圖

元件

| 編號 | 元件項目 | 數量 | 元件名稱 |
|---|---|---|---|
| 1 | Arduino | 1 | Arduino UNO |
| 2 | 直流馬達 | 2 | 直流馬達(5V) |
| 3 | L298N 模組 | 1 | L298N 模組 |
| 4 | 紅外線反射型感測器 | 5 | CNY70 |
| 5 | LED | 5 | LED |
| 6 | 電阻器 | 10 | 220Ω |
| 7 | 電阻器 | 5 | 56kΩ |
| 8 | 車體 | 1 | 車體 |

程式

程式設計：循跡自走車控制

| 行號 | 程式敘述 | 註解 |
|---|---|---|
| 1 | `#define RR  9` | //定義接到紅外線光感測器 RR 的接腳 |
| 2 | `#define MR  8` | //定義接到紅外線光感測器 MR 的接腳 |
| 3 | `#define MM  4` | //定義接到紅外線光感測器 MM 的接腳 |
| 4 | `#define ML  3` | //定義接到紅外線光感測器 ML 的接腳 |
| 5 | `#define LL  2` | //定義接到紅外線光感測器 LL 的接腳 |
| 6 | `#define PWM_MAX 255` | //定義 PWM 的最大值爲 255 |
| 7 | `#define spd 180` | //定義 spd=180 |
| 8 | `#define Motor_L1 6` | //定義左側馬達的控制接腳 |
| 9 | `#define Motor_L2 5` | //定義左側馬達的控制接腳 |

| 10 | `#define Motor_R1 11` | //定義右側馬達的控制接腳 |
|---|---|---|
| 11 | `#define Motor_R2 10` | //定義右側馬達的控制接腳 |
| 12 | `#define ledrrA0` | //定義 LED 接腳 |
| 13 | `#define ledmrA1` | //定義 LED 接腳 |
| 14 | `#define ledmm  A2` | //定義 LED 接腳 |
| 15 | `#define ledml  A3` | //定義 LED 接腳 |
| 16 | `#define ledll  A4` | //定義 LED 接腳 |
| 17 | `byte cny70mm，cny70mr;` | //定義變數 |
| 18 | `byte cny70rr，cny70ml，cny70ll;` | //定義變數 |
| 19 | `byte sensor ;` | //定義變數 |
| 20 | | |
| 21 | `void cny70(void){` | //副程式 cny70()開始 |
| 22 | `cny70ll=digitalRead(LL);` | //讀取 LL 感測器的狀態，放入 cny70ll |
| 23 | `digitalWrite(ledll，cny70ll);` | //ledll 顯示感測器 LL 的狀態 |
| 24 | `cny70ml=digitalRead(ML);` | //讀取 ML 感測器的狀態，放入 cny70ml |
| 25 | `digitalWrite(ledml，cny70ml);` | //ledml 顯示感測器 ML 的狀態 |
| 26 | `cny70mm=digitalRead(MM);` | //讀取 MM 感測器的狀態，放入 cny70mm |
| 27 | `digitalWrite(ledmm，cny70mm);` | //lemml 顯示感測器 MM 的狀態 |
| 28 | `cny70mr=digitalRead(MR);` | //讀取 MR 感測器的狀態，放入 cny70mr |
| 29 | `digitalWrite(ledmr，cny70mr);` | //lemrl 顯示感測器 MR 的狀態 |

| 30 | `cny70rr=digitalRead(RR);` | //讀取 RR 感測器的狀態，放入 cny70rr |
|---|---|---|
| 31 | `digitalWrite(ledrr,cny70rr);` | //ledrr 顯示感測器 RR 的狀態 |
| 32 | `sensor=cny70ll*16+cny70ml*8+cny70mm*4+cny70mr*2+cny70rr;` | //以一個 byte 內容表示五個感測器的狀態 |
| 33 | `}` | //副程式 cny70() 結束 |
| 34 | | |
| 35 | `void stop(void){` | //副程式 stop() 開始 |
| 36 | `analogWrite(Motor_L1,0);` | //控制左右兩側馬達的 PWM 值都等於 0 |
| 37 | `analogWrite(Motor_L2,0);` | |
| 38 | `analogWrite(Motor_R1,0);` | |
| 39 | `analogWrite(Motor_R2,0);` | |
| 40 | `}` | //副程式 stop() 結束 |
| 41 | | |
| 42 | `void forward(intspd_L,intspd_R){` | //副程式 forward() 開始 |
| 43 | `If(spd_R>PWM_MAX)` | //假如 spd_R>255 時，spd_R=255 |
| 44 | `spd_R=PWM_MAX;` | |
| 45 | `If(spd_L>PWM_MAX)` | //假如 spd_L>255 時，spd_L=255 |
| 46 | `Spd_L=PWM_MAX;` | |
| 47 | `analogWrite(Motor_L1,spd_L);` | //左側馬達的 PWM 值為 spd_L |
| 48 | `analogWrite(Motor_L2,0);` | |
| 49 | `analogWrite(Motor_R1,spd_R);` | //右側馬達的 PWM 值為 spd_L |
| 50 | `analogWrite(Motor_R2,0);` | |

| | | |
|---|---|---|
| 51 | `}` | //副程式 cny70 結束 |
| 52 | | |
| 53 | `void setup(){` | //副程式 setup () 開始 |
| 54 | `pinMode(RR,INPUT);` | //接腳 RR 為輸入 |
| 55 | `pinMode(MR,INPUT);` | //接腳 MR 為輸入 |
| 56 | `pinMode(MM,INPUT);` | //接腳 MM 為輸入 |
| 57 | `pinMode(ML,INPUT);` | //接腳 ML 為輸入 |
| 58 | `pinMode(LL,INPUT);` | //接腳 LL 為輸入 |
| 59 | `pinMode(ledrr,OUTPUT);` | //接腳 ledrr 為輸出 |
| 60 | `pinMode(ledmr,OUTPUT);` | //接腳 ledmr 為輸出 |
| 61 | `pinMode(ledmm,OUTPUT);` | //接腳 ledmm 為輸出 |
| 62 | `pinMode(ledml,OUTPUT);` | //接腳 ledml 為輸出 |
| 63 | `pinMode(ledll,OUTPUT);` | //接腳 ledll 為輸出 |
| 64 | `forward(spd,spd);` | //自走車前進,PWM 值為 spd |
| 65 | `delay(10);` | //延時 10m 秒 |
| 66 | `}` | //副程式 forward() 結束 |
| 67 | | |
| 68 | `void loop(){` | //主程式 loop() 開始 |
| 69 | `cny70();` | //呼叫 cny70() |
| 70 | `switch (sensor){` | //switch()開始 |
| 71 | `case 1:` | //sensor RR 在軌跡上 |
| 72 | `forward(spd+75,0);` | //自走車右轉,左邊馬達之 pwm=spd+75 //右邊馬達之 pwm=0 |
| 73 | `break;` | //脫離 switch() |
| 74 | `case 3:` | //sensor MR and RR 在軌跡上 |

| 75 | `forward(spd+75，spd-75);` | //自走車右轉，左邊馬達之 pwm=spd+75<br>//右邊馬達之 pwm=spd-75 |
|----|---|---|
| 76 | `break;` | //脫離 switch() |
| 77 | `case 2:` | // sensor MR 在軌跡上 |
| 78 | `forward(spd+50，spd-50);` | //自走車右轉，左邊馬達之 pwm=spd+50<br>//右邊馬達之 pwm=spd-50 |
| 79 | `break;` | //脫離 switch() |
| 80 | `case 6:` | // sensor MM and MR 在軌跡上 |
| 81 | `forward(spd+25，spd-25);` | //自走車右轉，左邊馬達之 pwm=spd+25<br>//右邊馬達之 pwm=spd-25 |
| 82 | `break;` | //脫離 switch() |
| 83 | `case 4:` | //sensor MM 在軌跡上 |
| 84 | `forward(spd，spd);` | //自走車直線前進 |
| 85 | `break;` | //脫離 switch() |
| 86 | `case 12:` | //sensor ML and MM 在軌跡上 |
| 87 | `forward(spd-25，spd+25);` | //自走車左轉，左邊馬達之 pwm=spd-25<br>//右邊馬達之 pwm=spd+25 |
| 88 | `break;` | //脫離 switch() |
| 89 | `case 8:` | //sensor ML 在軌跡上 |
| 90 | `forward(spd-50，spd+50);` | //自走車左轉，左邊馬達之 pwm=spd-50<br>//右邊馬達之 pwm=spd+50 |

| 91 | `break;` | //脫離 switch() |
| 92 | `case 24:` | //sensor ML and LL 在軌跡上 |
| 93 | `forward(spd-75，spd+75);` | //自走車左轉，左邊馬達之 pwm=spd-75<br>//右邊馬達之 pwm=spd+75 |
| 94 | `break;` | //脫離 switch() |
| 95 | `case 16:` | //sensor LL 在軌跡上 |
| 96 | | //自走車左轉，左邊馬達之 pwm=0<br>//右邊馬達之 pwm=spd+75 |
| 97 | `break;` | //脫離 switch() |
| 98 | `}` | //switch 結束 |
| 99 | `}` | //主程式 loop()0 結束 |

練習

1.  請撰寫一個使自走車停止的副程式。

2.  請撰寫一個使自走車後退的副程式。

3.  請撰寫一個使自走車後退左轉的副程式。

4.  請撰寫一個使自走車後退右轉的副程式。

## 實驗 10-3 智慧手機 APP 與藍芽傳輸控制實驗

目的 學習如何使用智慧手機 APP 的藍芽通訊，來控制 Arduino 與藍芽模組結合之 IO 控制。此實驗可學習智慧手機 APP 之設計方式，以及可學習撰寫要和智慧手機 APP 連結的 Arduino 藍芽無線通訊程式。

功能 本實驗將利用智慧手機 APP 畫面上的三支滑動軸，來控制 Arduino 所驅動的 3 色 LED，透過調整各個滑動軸位置，可使 LED 呈現不同顏色的變化。

原理 本實驗使用 BTBee HC-06 藍芽模組(參考實驗 9-13 的配對設定步驟)作為 Arduino 微控制器與 Android 智慧手機的無線傳輸介面。APP 中的三支滑動軸，分別代表 RGB 三顏色的成分值，這三個成分值透過擔任主控端的智慧手機藍芽通訊介面，傳送到 Arduino 所連接的從端藍芽通訊介面，由 Arduino 的三支 PWM 輸出腳驅動三色 LED 對應的 RGB 腳。

Android 智慧手機 APP 的設計是在 MIT APP Inventor 2(簡稱 MAI2)的雲端整合開發環境(Cloud-based IDE)中所完成。第 1 版的 APP Inventor Classic，其專案格式與第 2 版的 APP Inventor 2 是不相容的，且未來可能不再支援第 1 版，因此建議盡量以 MAI2 來開發 APP。

MAI2 是完全雲端化的 IDE，所有開發過程與工具都以網頁方式呈現與操作，設計的專案成果檔(.aia)都儲存於雲端，雖然雲端可靠性極高，但匯出專案檔到自己電腦中存成備份仍是必要的安全措施。有關 MAI2 的安裝、教學、操作與範例等網路參考資源，簡述如下：

➤ 官網：http://appinventor.mit.edu/。英文官網首頁下方有四大功能：

 • Get Started：介紹 (1)如何安裝手機上的 APP 即時測試環境；(2)如何使用 APP 畫面設計程式(Designer)和 APP 邏輯設計程式(Block Editor)；(3)初學者的教學影片；(4)如何將專案從雲端匯出或匯入或儲存成 APP 安裝檔(.apk)。

- Tutorials：提供運用各項手機功能的各種 APP 範例程式，例如遊戲 APP、簡訊 APP、相機 APP、NFC APP 等。

- Teach：提供教師教學相關的資源。

- Forum：提供開發 MIT APP Inventor 的經驗交流論壇。

➢ Google 關鍵字搜尋 "APP Inventor" "教學"，所能找出的許多網頁資源。

➢ 英文官網首頁右上方的"Create"則是進入雲端整合開發環境的超連結，其網址為：http://ai2.appinventor.mit.edu/。

首次進入雲端整合開發環境，會出現圖 10-3-1 歡迎視窗。如果 APP 開發者有 Android 手機則應選圖 10-3-1 中的選項 1，以便安裝可協助即時測試的 APP；否則應選選項 2，選項 2 是給沒有實體智慧型手機的開發者用的，此選項需安裝軟體手機模擬器，由軟體手機模擬器來安裝與測試所開發的 APP，這種模式執行效能較差。目前智慧型手機很普及的情況下，用這種模式的會愈來越少，建議盡量以實體手機來進行開發 APP 的測試。圖 10-3-1 左下方的"Continue"則是略過歡迎視窗而直接進入雲端整合開發環境。

◎ 圖 10-3-1　MIT APP Inventor 2 的歡迎視窗

選項 1 會以步驟引導安裝智慧手機配合開發 APP 測試時所需的搭配 APP。如圖 10-3-2 步驟 1 說明：請以 QR 碼掃描程式讀取左側圖案。實際掃描後，手機畫面被帶到 Google Play Store 的"MIT AI2 Companion APP"的安裝畫面。安裝此程式後，手機桌面上將可看到此 APP 的圖示。

Step 1: Download and install the MIT AI2 Companion App on your phone.

Open your device's QR code scanner and scan the QR code on the left below to download the Companion App from the Play Store. If you can't use the Play Store, use the QR code on the right to download the Companion App directly to your phone.

| Play Store | APK File |
|---|---|
| *Recommended*: Automatic updates | Manual updates required |

Scan this QR code (or click this link)
to get the app from the Play Store

Scan this QR code (or click this link)
to download the app directly

If you need a QR code scanner, you can get one at the Play Store (e.g., ZXing).

◎ 圖 10-3-2　MIT AI2 Companion APP 的安裝步驟頁面

在雲端整合開發環境中利用 Designer 設計好 APP 畫面後，可按下圖 10-3-3 上方的"Connect"選單鈕，接著選按所彈出子選單列中的"AI Companion"，接著頁面中間會彈出待測試 APP 的 QR 碼圖示，這時須使用剛剛所安裝好的"MIT AI2 Companion"來掃描此 QR 碼圖示，接著，此待測試 APP 將自動被安裝到智慧手機中，以便測試用。

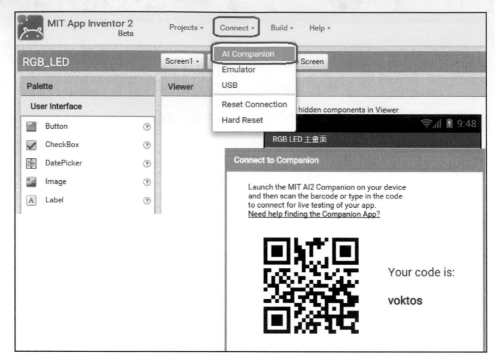

◎ 圖 10-3-3　MIT APP Inventor 2 IDE 的 Designer 頁面

"MIT AI2 Companion" APP 的執行畫面如圖 10-3-4 所示，使用者須選按圖 10-3-4 中的藍色"Scan QR Code"按鈕以掃描圖 10-3-3 中待測試 APP 的 QR 碼圖示。接著此待測試 APP 將會被自動安裝到測試用的智慧手機中。

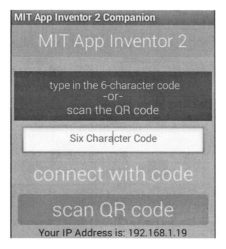

◎ 圖 10-3-4　MIT AI2 Companion 的執行畫面

注意：這種模式是 MIT 所建議的較佳開發方式，唯一的前提是手機必須能無線上網，因為掃完 QR 碼圖示時，需要從雲端開發網站下載此待測 APP，而且測試期間如果設計者修改雲端 APP 畫面的格式或內容佈局，手機中的待測 APP 畫面也會立即同步顯示出修改的結果，這對畫面佈局設計與測試有很大幫助，此外在 Block Editor 中撰寫或修改程式方塊的拼接方式，手機內測試用的 APP 也都會即時反應出來。以本專題為例，待測的 RGB_LED APP 的畫面如圖 10-3-5 所示。

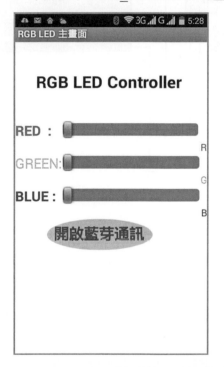 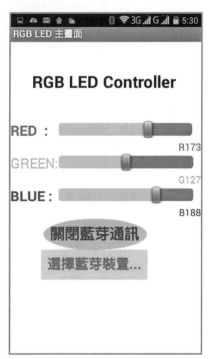

◎ 圖 10-3-5a　RGB_LED APP 的開啟藍芽畫面　　◎ 圖 10-3-5b　RGB_LED APP 的關閉藍芽畫面

電路

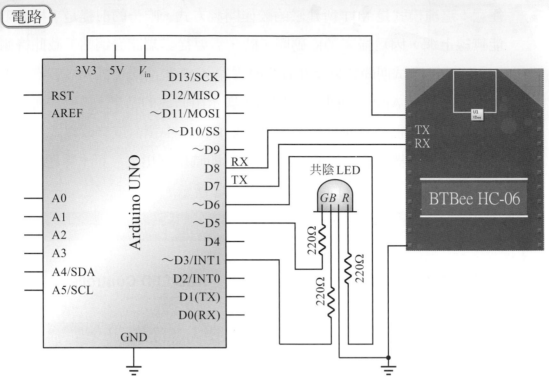

◎ 圖 10-3-6 Arduino Uno 與 BTBee 和 RGB LED 接腳電路圖

元件

| 編號 | 元件項目 | 數量 | 元件名稱 |
|---|---|---|---|
| 1 | Arduino UNO | 1 | Arduino 開發板 |
| 2 | BTBee HC-06 | 1 | 藍芽從模組(Slave) |
| 3 | 共陰極 RGB LED | 1 | 3 色 LED |
| 4 | 220 Ω | 3 | 電阻器 |
| 5 | Android | 1 | 智慧型手機 |

程式

RGB_LCD_OK.ino (Arduino 程式)

| 行號 | 程式敘述 | 註解 |
|---|---|---|
| 1 | #include <SoftwareSerial.h> | //納入軟體串列埠函式庫 |
| 2 | SoftwareSerial BT101(7，8); | //定義 7 及 8 腳位為 RX 及 TX |
| 3 | #define R_LED 6 | //定義 R、G、B LED 的腳位 |
| 4 | #define G_LED 5 | |
| 5 | #define B_LED 3 | |
| 6 | intinBytes，r，g，b，delay_ms=10; | //宣告全域變數 |
| 7 | byte inData[100]; | |
| 8 | void setup() { | |
| 9 | pinMode(R_LED，OUTPUT); | //IO 模式規劃 |
| 10 | pinMode(G_LED，OUTPUT); | |
| 11 | pinMode(B_LED，OUTPUT); | |
| 12 | BT101.begin(9600); | //藍芽串列埠初始化 |
| 13 | } | |
| 14 | void loop() { | //主控迴圈 |
| 15 | readBT(); | //讀入藍芽接收字元 |
| 16 | getRGB(); | //讀入字元轉成數值 |
| 17 | turnLED(); | //驅動 RGB LED |
| 18 | } | |
| 19 | void readBT(){ | |
| 20 | inBytes=0; | |
| 21 | while (BT101.available()>0){ | //有藍芽訊息進來? |

```
22   inData[inBytes]=BT101.read();

23     delay(delay_ms);

24   inBytes++;

25     }

26   }

27   void getRGB(){

28     if ( inBytes>0 ) {                        //有訊息進來?

29       switch (inData[0]) {                    //判讀命令字元

30         case 82:                              //命令字元='R' 的 ASCII 碼

31           if(inBytes==4){//e.g."R255"

32             r = (inData[1]-48)*100;

33             r = (inData[2]-48)*10 + r;

34             r = (inData[3]-48)    + r;

35           } else if(inBytes==3){//e.g."R99"

36             r = (inData[1]-48)*10;

37             r = (inData[2]-48)    + r;

38           } else if(inBytes==2){//e.g."R9"

39             r = (inData[2]-48);

40           }

41         break;

42         case 71:                              //命令字元='G' 的 ASCII 碼

43           if(inBytes==4){

44             g = (inData[1]-48)*100;

45             g = (inData[2]-48)*10 + g;

46             g = (inData[3]-48)    + g;
```

```
47          } else if(inBytes==3){
48              g = (inData[1]-48)*10;
49              g = (inData[2]-48)    + g;
50          } else if(inBytes==2){
51              g = (inData[2]-48);
52          }
53      break;
54      case 66:                              //命令字元='B' 的 ASCII 碼
55          if(inBytes==4){
56              b = (inData[1]-48)*100;
57              b = (inData[2]-48)*10 + b;
58              b = (inData[3]-48)    + b;
59          } else if(inBytes==3){
60              b = (inData[1]-48)*10;
61              b = (inData[2]-48)    + b;
62          } else if(inBytes==2){
63              b = (inData[2]-48);
64          }
65      break;
66      default: ;                            //未做特別處理
67      }
68    }
69  }
70  void turnLED(){
71  analogWrite(R_LED，r);                     //輸出紅色 PWM 值
```

```
72    analogWrite(G_LED，g);                          //輸出綠色 PWM 值
73    analogWrite(B_LED，b);                          //輸出藍色 PWM 值
74    }
```

RGB_LED_OK.aia (智慧手機 APP)

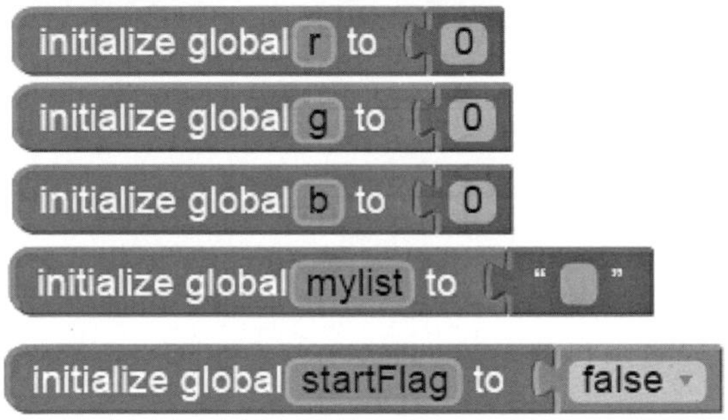

◎ 圖 10-3-7　APP 宣告全域變數之 Blocks

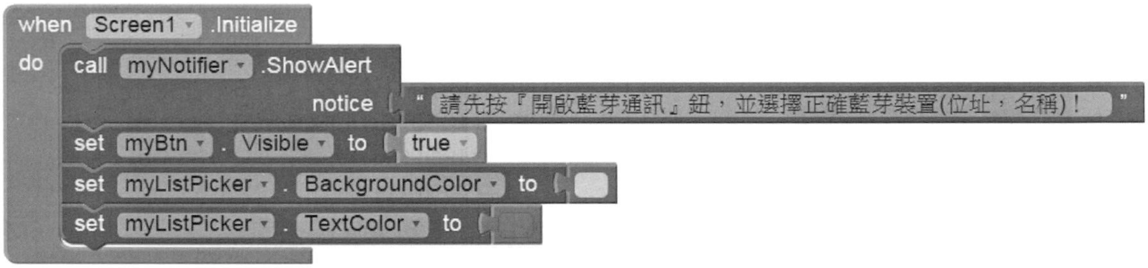

◎ 圖 10-3-8　APP 初始設定之 Blocks

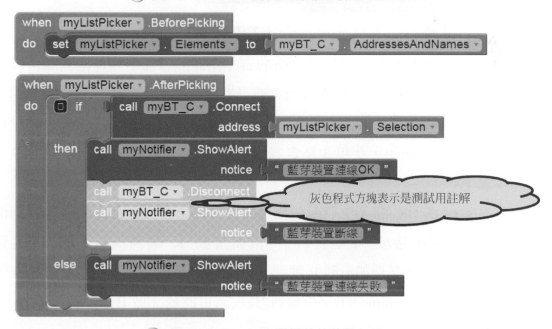

```
when  myBtn ▾ .Click
do    □ if        get  global startFlag ▾  = ▾  false ▾
      then  set  myBtn ▾ . Text ▾  to  " 關閉藍芽通訊 "
            set  myListPicker ▾ . Visible ▾  to  true ▾
            set  global startFlag ▾  to  true ▾
            □ if        myBT_C ▾ . AddressesAndNames ▾  ≠ ▾  false ▾
            then  set  myListPicker ▾ . Enabled ▾  to  true ▾
            else  call  myNotifier ▾ .ShowAlert
                                    notice  " 找不到藍芽裝置 "

      else  call  myBT_C ▾ .Disconnect
            set  myBtn ▾ . Text ▾  to  " 開啟藍芽通訊 "
            set  myListPicker ▾ . Visible ▾  to  false ▾
            set  global startFlag ▾  to  false ▾
            set  myListPicker ▾ . Enabled ▾  to  false ▾
            call  myNotifier ▾ .ShowAlert
                                notice  " 強制藍芽裝置斷線 "
```

◎ 圖 10-3-9　APP 開啟與關閉藍芽按鈕之 Blocks

```
when  myListPicker ▾ .BeforePicking
do    set  myListPicker ▾ . Elements ▾  to  myBT_C ▾ . AddressesAndNames ▾


when  myListPicker ▾ .AfterPicking
do    □ if        call  myBT_C ▾ .Connect
                        address  myListPicker ▾ . Selection ▾
      then  call  myNotifier ▾ .ShowAlert
                              notice  " 藍芽裝置連線OK "
            call  myBT_C ▾ .Disconnect        灰色程式方塊表示是測試用註解
            call  myNotifier ▾ .ShowAlert
                              notice  " 藍芽裝置斷線 "
      else  call  myNotifier ▾ .ShowAlert
                              notice  " 藍芽裝置連線失敗 "
```

◎ 圖 10-3-10　APP 選擇藍芽裝置之 Blocks

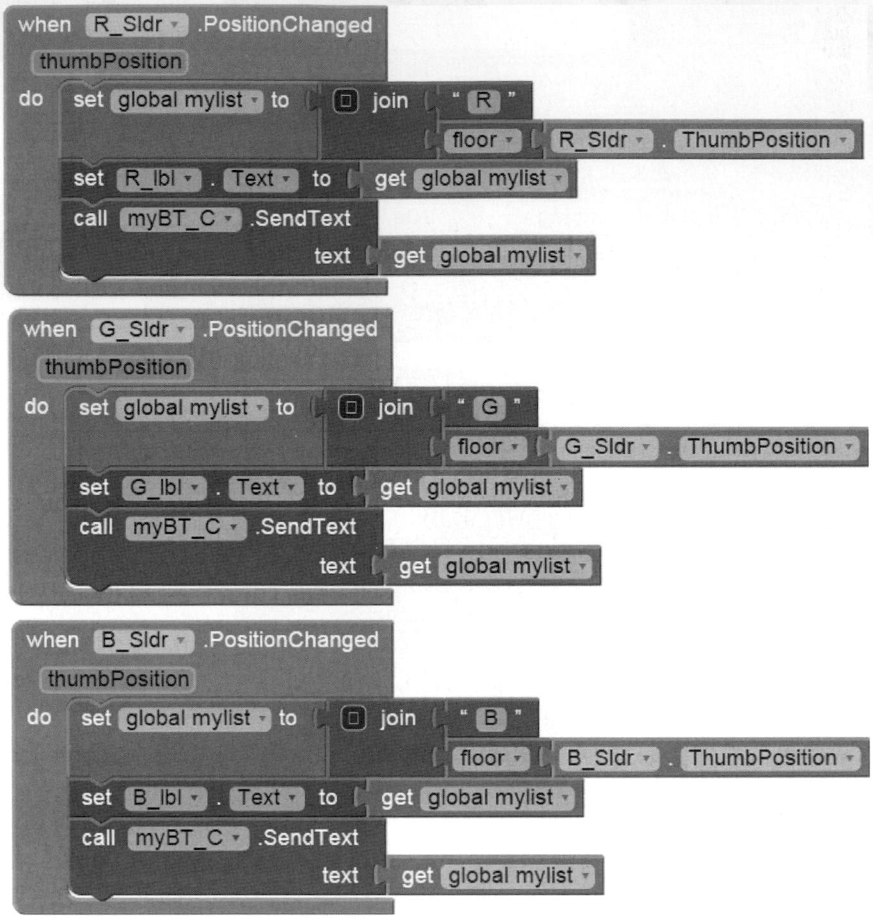

◎ 圖 10-3-11　將 RGB 三滑動軸數值透過藍芽送出之 Blocks

說明 RGB_LCD_OK.ino 必須納入<SoftwareSerial.h>軟體串列埠函式庫，因為腳位 0 和 1 保留給燒錄程式用，而且韌體開發過程的除錯也會用到這 2 腳位，以將執行狀態或數據傳回監看視窗，因此必須定義其他 IO 腳位給藍芽串列通訊用，此程式是定義 7 和 8 這 2 腳位給藍芽串列通訊之 RX/TX。

RGB_LED_OK.aia APP 將顏色控制命令字元"R"、"G"、"B"和滑動軸個別數值分別串接成"字串資料"，例如滑動 R 軸到 128，則"字串資料"="R128"，又例如滑動 B 軸到 5，則"字串資料"="B5"。手機要經由藍芽通訊送給 Arduino 的"字串資料"長度有可能是 2 個 Bytes 或 3 個 Bytes 或 4 個 Bytes。

Arduino 接收程式必須能判別 3 件事：第 1 "字串資料"是哪一色滑動軸的！第 2 "字串資料"有多長！第 3 利用 ASCII 碼轉換，將字元型態的位元組換算回原來的顏色成分值。最後將 RGB 各色成分值，以 PWM 方式輸出分別驅動共陰極的 3 色 LED 的 3 支腳(參考圖 10-3-6)。

RGB_LED_OK.aia 專案匯入 MIT APP Inventor 2 (簡稱 MAI2)的步驟簡要整理如下：

➤ 在 MAI2 畫面上方單擊 [Projects] / [Import project (aia) for my computer …。

➤ 在所彈出的[Import project]視窗中，瀏覽與選擇 RGB_LED_OK.aia 專案檔。

➤ 所選的 RGB_LED_OK.aia 專案檔會被自動上傳到 MAI2 雲端中。

➤ 在 MAI2 畫面上方單擊[Projects] / [My projects]，可檢視所有在 MAI2 雲端中的專案檔。

➤ 除了檢視專案檔清單，MAI2 設計人員也可以複製專案([Save project as …])、匯出專案([Export selected project (aia) to my computer])、刪除專案 ([Delete project])、或新建專案 ([Start new project)])。

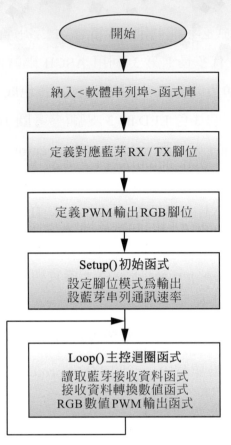

◎ 圖 10-3-12　Arduino 控制程式 RGB_Control_OK.ino 的流程圖

練習 (1) 試著擴充本實驗所提供的 RGB_Control_OK.ino 程式，將 Arduino 從藍芽模組所接收到的資料，經由 Serial.print()輸出到電腦的監看視窗，並核對其內容與 APP 所送出的 RGB 值是否相符。

(2) 本實驗室係使用 XBee 規格的(3.3V)藍芽通訊模組，目前市售藍芽通訊模組，有更多是 TTL 規格的(5V)藍芽通訊模組。TTL 規格的藍芽模組可以不經轉板，而直接插在一般麵包板上，以方便實驗進行。試著採用這種藍芽模組來作為 Arduino 與手機 APP 的通訊介面。

## 實驗 10-4　RFID 讀卡與控制 LED 亮滅實驗

目的 ▶ 了解 Arduino 使用 RFID(Radio Frequency Identification)無線射頻辨識讀卡模組 RDM6300 來讀取 RFID 卡片的編碼，學習利用 RFID 卡片來控制 LED 亮滅的原理和方法。

功能 ▶ RFID 技術已經應用在生活中有一段時間，例如以前大多是用機械式鑰匙來開門，現在將開門的密碼放入 RFID 卡片，然後用 RFID 讀卡器將靠近的卡片密碼用無線方式讀取，並和事先建立可通行後准許進入的 RFID 卡片密碼資料庫比對正確後，再用自動開鎖的電子裝置開門，就可取代機械式鑰匙來開門，這是日常生活隨處可見的應用，而最近幾年 RFID 應用愈來愈廣泛，像超市的物品會貼 RFID 標籤，在結帳時可取代用紅外線條碼讀取器的刷條碼功能，需要對準條碼才能讀取的不方便性，而 RFID 具有無方向性、辨識速度快和辨識正確性高等優點，且可在出去走道上設置 RFID 讀取器，而且顧客購買商品未付帳時，在經過有 RFID 讀取器的走道時，會自動比對有 RFID 標籤的商品資料庫狀態，就會知道顧客攜待的有 RFID 標籤商品有無付費，沒付費攜帶出去會發出警報警告店員等應用。

RFID 的規格有很多種分類方法，其中用無線電頻率來區分是主要的方法，區分種類包括有低頻率(LF)的 125kHz、高頻(HF)的 13.56MHZ 和微波的 2.4GHz 等等。而因為無線電頻率愈低天線要愈長，反之無線電頻率愈高天線可很短的特性，無線電頻率愈高就可使 RFID 卡片的尺寸較小，所以在微波頻段的 RFID 技術所使用的天線，可用較便宜的印刷電路板天線但 RFID 讀取器成本較高，無線電頻率低的 RFID 規格所使用的天線就要長但 RFID 讀取器成本較低，雖然需要線圈來製造天線，如圖 10-4-1 所示，但本實驗還是採用便宜又普遍使用的低頻率 125kHz 之 RFID 模組 RDM6300，如圖 10-4-2 所示，可方便連接到 Arduino UNO，因 RDM6300

讀取 EM4100 兼容規格的 RFID 卡時，提供 5V 電源會輸出 9600bps 的 UART 串列資料，而此串列資料電壓規格為 0V(LOW)和 5V(HIGH)，可直接連接到 Arduino UNO 的數位接腳，即可用模擬 RS232 的軟體串列埠 SoftwareSerial RFID(RX,TX)來讀取 RFID 卡片，RX 為 Arduino UNO 的串列埠接收腳，TX 為 Arduino UNO 的串列埠輸出腳，軟體串列埠 SoftwareSerial 是 Arduino UNO 增加串列埠數量的方法，而本實驗的硬體串列埠用來和電腦連線，以便由串列監視埠(Serial Monitor)來顯示讀取 RFID 卡片的資料和其他重要資訊，Arduino UNO 只有一個硬體串列埠，所以 Arduino 為此需求，提供將數位輸出入埠模擬成串列埠的函式庫，放在 SoftwareSerial 的函式庫，使程式開發者方便用數位輸出入埠達成串列埠的功能，使得 Arduino UNO 能用簡單的程式來驅動 RFID 模組 RDM6300 來讀取 RFID 卡片的資料，應用上首先讀取 RFID 卡片的字元碼共 12 位元組(Bytes)，接著將讀取 RFID 卡片的字元碼寫成字串，做為辨識用的資料庫，為了控制 LED 的亮滅，準備兩個 RFID 卡片，一個卡片控制 LED 點亮，另一個卡片控制 LED 熄滅。

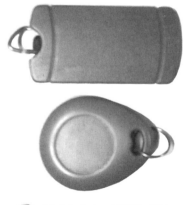

◎ 圖 10-4-1　RFID 卡片

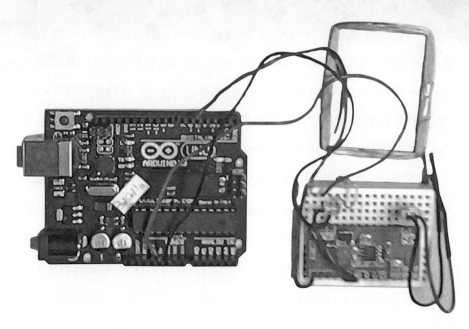

◎ 圖 10-4-2　RFID 模組和 Arduino UNO

原理 RFID 模組 RDM6300 使用 125kHz 的無線電來讀取靠近 RFID 天線 10 公分內的資料，每張卡片存放 14 Bytes 的資料，可用數字資料十進制格式(DEC)讀出，若用字元格式讀出為 12 Bytes，因每一個卡片的資料都是唯一無法修改，好像機械鑰匙的刻痕，所以可用於當成擁有此張 RFID 卡片的使用者之辨識碼，本實驗採用字元格式先讀出 RFID 卡片內的資料，由串列監視埠(Serial Monitor)來顯示讀取 RFID 卡片的資料，並儲存在控制 LED 亮滅程式的辨識資料，由於 LED 亮滅是兩個控制指令，要準備兩個 RFID 卡片，當設定為 LED 亮的卡片靠近 RFID 天線 10 公分內，就會點亮 LED，而設定為 LED 滅的卡片靠近 RFID 天線 10 公分內，就會熄滅 LED。

電路 Arduino 開發板上使用的微處理器為 ATmega328，ATmega328 的 PORTD 的 0~7 為 Arduino 開發板的 D0~D7，除了 D0 與 D1 為硬體的串列埠外，其他 PIN(2~7)均有數入訊號改變的觸發功能(PCINT)，且 ATmega328 的 PORTB 的 0~5 為 Arduino 開發板的 D8~D13，也有數入訊號改變的觸發功能，都可當 Arduino UNO 所提供 SoftwareSerial 的軟體模擬串列埠使用，本實驗的電路如圖 10-4-3 用 Arduino 開發板的 D5 模擬串列埠的接收端，D6 模擬串列埠的發射端，僅需讀出 RFID 卡片的資料，所以只接 D5 的接收到 RDM6300 的串列埠發射接腳(TX)，其實 RDM6300 只要有接電源(+5V)和接地(GND)，拿 RFID 卡片接近 RDM6300 模組的天線 10 公分內，就可用示波器量到 RDM6300 的串列埠發射接腳(TX)所輸出的 RS232 訊號，傳輸率為 9600bps，每一個 bits 的時間約 0.1ms，可用來確定 RDM6300 模組是否正常工作，再接到 Arduino 開發板的 D5、+5V 和 GND。Arduino 開發板上的 D13 已經有接 LED 和電阻到地，所以若覺得 Arduino 開發板上由 D13 驅動的 LED 顯示不明顯，再外接 LED 和電阻到地即可。

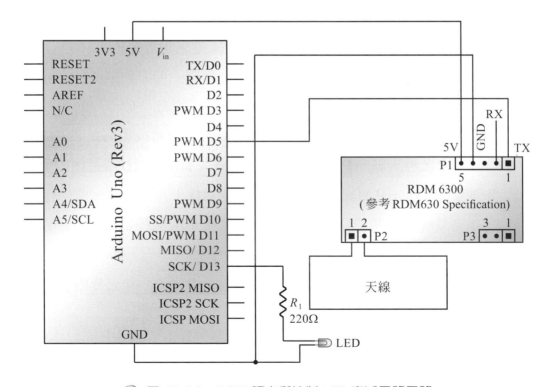

◎ 圖 10-4-3　RFID 讀卡與控制 LED 亮滅電路電路

元件

| 編號 | 元件項目 | 數量 | 元件名稱 |
|---|---|---|---|
| 1 | Arduino UNO | 1 | Arduino 開發板 |
| 2 | RDM6300 | 1 | RFID 讀卡器模組 |
| 3 | $R_1$ | 1 | 220 Ω 電阻 |
| 4 | LED | 1 | 發光二極體 |

程式

rfid_read

| 行號 | 程式敘述 | 註解 |
|---|---|---|
| 1 | #include <SoftwareSerial.h> | //包含軟體模擬串列埠 SoftwareSerial 函式庫 |
| 2 | SoftwareSerial RFID(5, 6); | //定義 RFID 為軟體模擬串列埠，串列埠接收為 D5，串列埠發射為 D6 |
| 3 | char c; | //定義 c 為字元 |
| 4 | void setup(){ | //只會執行一次的程式初始式 |
| 5 | Serial.begin(9600); | //將硬體串列埠 0 通訊鮑率設為 9600bps |
| 6 | Serial.println("Serial Ready"); | //硬體串列埠 0 輸出字串"Serial Ready"，以便顯示在串列埠監視器 |
| 7 | RFID.begin(9600); | //將軟體模擬串列埠 RFID 通訊鮑率設為 9600bps |
| 8 | Serial.println("RFID Ready"); | //硬體串列埠 0 輸出字串"RFID Ready"，以便顯示在串列埠監視器 |
| 9 | } | //結束 setup() 函式 |
| 10 | void loop(){ | //永遠周而復始的主控制函式 |
| 11 | if (RFID.available() > 0) { | //軟體模擬串列埠 RFID 有接收到資料 |

| 12 | c = RFID.read(); | //軟體模擬串列埠 RFID 接收的資料為字元時，儲存到字元變數 c |
| 13 | Serial.print©; | //硬體串列埠 0 輸出字元讀到 RFID 卡片的 c，並顯示在串列埠監視器 |
| 14 | Serial.print(" "); | //硬體串列埠 0 輸出字元" "，顯示在串列埠監視器會空一格在顯示下一讀入字元 |
| 15 | delay(100); } | //延遲 100ms，再到判斷是否有接收到 RFID 讀卡器的資料 |
| 16 | } | //結束 loop() 函式 |

### rfid_ctrLED

| 行號 | 程式敘述 | 註解 |
| --- | --- | --- |
| 1 | #include <SoftwareSerial.h> | //包含軟體模擬串列埠 SoftwareSerial 函式庫 |
| 2 | #define LED_ON_TAG_CODE "020068085331" | //定義 LED 點亮的 RFID 卡片辨識碼 |
| 3 | #define LED_OFF_TAG_CODE "1B008A0B79E3" | //定義 LED 熄滅的 RFID 卡片辨識碼 |
| 4 | SoftwareSerial RFID(5, 6); | //定義 RFID 為軟體模擬串列埠，串列埠接收為 D5，串列埠發射為 D6 |
| 5 | string msg; | //定義 msg 為字串 |
| 6 | int led = 13; | //定義 LED 控制腳為 D13 |
| 7 | void setup(){ | //只會執行一次的程式初始式數 |
| 8 | Serial.begin(9600); | //將硬體串列埠 0 通訊鮑率設為 9600bps |

| 9 | `Serial.println("RS232 Serial Ready");` | //硬體串列埠 0 輸出字串 "RS232 Serial Ready"，以便顯示在串列埠監視器 |
| 10 | `RFID.begin(9600);` | //將軟體模擬串列埠 RFID 通訊鮑率設爲 9600bps |
| 11 | `Serial.println("RFID card Ready");` | //硬體串列埠 0 輸出字串 "RFID card Ready"，以便顯示在串列埠監視器 |
| 12 | `pinMode(led, OUTPUT);` | //設定 LED 控制腳位爲輸出模式 |
| 13 | `digitalWrite(led, LOW);` | //LED 控制腳位輸出 LOW，LED 熄滅 |
| 14 | `}` | //結束 setup()函式 |
| 15 | `char c;` | //定義 c 爲字元 |
| 16 | `void loop(){` | // 永遠周而復始的主控制函式 |
| 17 | `if (RFID.available() > 0) {` | //軟體模擬串列埠 RFID 有接收到資料 |
| 18 | `c = RFID.read();` | //軟體模擬串列埠 RFID 接收的資料爲字元時，儲存到字元變數 c |
| 19 | `msg += c;` | //字串儲存所有從 RFID 卡片讀入的字元 |
| 20 | `Serial.print(c);` | //硬體串列埠 0 輸出字元讀到 RFID 卡片的 c，並顯示在串列埠監視器 |
| 21 | `Serial.print(" ");` | //硬體串列埠 0 輸出字元" "，顯示在串列埠監視器會空一格在顯示下一讀入字元 |

| 22 | `}` | //再到判斷是否有接收到 RFID 讀卡器的資料 |
| 23 | `msg=msg.substring(1,13);` | //只拿 msg 的第 1~13 字元 |
| 24 | `if(msg.indexOf(LED_ON_TAG_CODE)>=0) led_on();` | //找到符合 LED 點亮的 RFID 卡片辨識碼的字串，呼叫點亮 LED 副程式 |
| 25 | `else if(msg.indexOf(LED_OFF_TAG_CODE)>=0) led_off();` | //找到符合 LED 熄滅的 RFID 卡片辨識碼的字串，呼叫熄滅 LED 副程式 |
| 26 | `}` | //結束 loop() 函式 |
| 27 | `void led_on(){` | //點亮 LED 副程式 |
| 28 | `Serial.println("\n'LED ON' is granted for this card.");` | //硬體串列埠 0 輸出字串 "\n'LED ON' is granted for this card.，以便將找到符合 LED 點亮的 RFID 卡片資訊跳一行顯示在串列埠監視器 |
| 29 | `digitalWrite(led, HIGH);` | // LED 控制腳位輸出 HIGH，LED 點亮 |
| 30 | `delay(1000);` | // 延遲 1000ms=1 秒，使 LED 點亮 1 秒 |
| 31 | `}` | // 結束點亮 LED 副程式 |
| 32 | `void led_off(){` | // 熄滅 LED 副程式 |
| 33 | `Serial.println("\n'LED OFF' is granted for this card.");` | // 硬體串列埠 0 輸出字串 "\n'LED OFF' is granted for this card.，以便將找到符合 LED 熄滅的 RFID 卡片資訊跳一行顯示在串列埠監視器 |

| 34 | `digitalWrite(led, LOW);` | //LED 控制腳位輸出 LOW，LED 熄滅 |
| 35 | `delay(1000);` | //延遲 1000ms=1 秒，使 LED 熄滅 1 秒 |
| 36 | `}` | //結束熄滅 LED 副程式 |

說明 rfid_read.ino 是用來讀取 RFID 卡片的識別碼，並顯示在串列埠監視器的韌體程式，圖 10-4-4 是本程式的主要控制流程，程式開始先用軟體模擬串列埠 SoftwareSerial 規劃 RFID 為軟體模擬串列埠，串列埠接收為 Arduino 開發板上的 D5，串列埠發射為 Arduino 開發板上的 D6，設定 Arduino 開發板上的硬體串列埠 0 通訊鮑率設為 9600bp，並在串列埠監視器顯示"Serial Ready"，表示硬體串列埠 0 準備好了，軟體模擬串列埠通訊鮑率設為 9600bp，並在串列埠監視器顯示"RFID Ready"，表示軟體模擬串列埠準備好了，接著進入無窮迴圈來讀取 RFID 卡片資料，每讀取到一個 RFID 卡片字元就顯示到串列埠監視器並空一格，延遲 100ms 後，再讀取下一字元，直到讀不到 RFID 卡片的字元，如此一直重覆下去來讀取 RFID 卡片的識別碼，顯示在串列埠監視器上，可將 RFID 的識別碼抄下來進行下一個實驗。

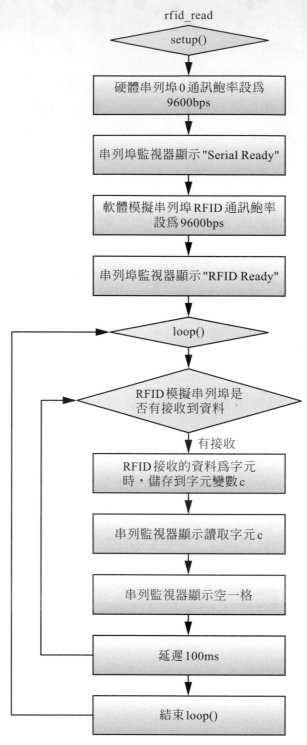

◎ 圖 10-45 rfid_read.ino 程式的主要控制流程圖

第二個程式 rfid_ctrLED.ino 是用來讀取 RFID 卡片的識別碼，判定為控制 LED 點亮的 RFID 卡片，就會點亮 LED；同樣的讀取的 RFID 卡片為熄滅 LED 時，將 LED 熄滅的韌體程式，圖 10-4-6 是本程式的主要控制流程，程式開始先用上一個 rfid_read.ino 程式讀取兩張 RFID 卡片的識別碼，分別輸入定義字串 LED_ON_TAG_CODE 為點亮 LED 的 RFID 卡片的識別碼和 LED_OFF_TAG_CODE 為熄滅 LED 的 RFID 卡片的識別碼，宣告字串 msg 來儲存由 RFID 模組 RDM6300 讀取的卡片資料。

接著宣告 Arduino 開發板上的 D13 為 LED 控制接腳，軟體模擬串列埠 SoftwareSerial 規劃 RFID 為軟體模擬串列埠，串列埠接收為 Arduino 開發板上的 D5，串列埠發射為 Arduino 開發板上的 D6，設定 Arduino 開發板上的硬體串列埠 0 通訊鮑率設為 9600bp，並在串列埠監視器顯示"RFID Serial Ready"，表示硬體串列埠 0 準備好了，軟體模擬串列埠通訊鮑率設為 9600bp，並在串列埠監視器顯示"RFID card Ready"，表示軟體模擬串列埠準備好了，設定 Arduino 開發板上的 D13 為輸出模式來控制 LED，接著進入無窮迴圈來讀取 RFID 卡片資料，每讀取到一個 RFID 卡片字元就顯示到串列埠監視器並空一格後，再讀取下一字元，並將讀到的字元加入字串 msg，直到讀不到 RFID 卡片的字元。

最後用 msg.substring(1,13) 只拿 msg 的第 1~13 字元，即為 125kHz RFID 卡片的第一次讀到的識別碼規格，多出來的字元為第二次以上讀到的 RFID 卡片的識別碼，可從串列埠監視器驗證，而用 msg.indexOf 來比對 msg 和定義字串 LED_ON_TAG_CODE 是否相同，假如相同就呼叫 led_on() 副程式在串列埠監視器顯示"\n'LED ON' is granted for this card." 後，點亮 LED1 秒返回 loop() 無窮迴圈主程式；而用 msg.indexOf 來比對 msg 和定義字串 LED_OFF_TAG_CODE 是否相同，假如相同就呼叫 led_off() 副程式在串列埠監視器顯示"\n'LED OFF' is granted for this card." 後，熄滅 LED1 秒返回 loop() 無窮迴圈主程式，如此一直重覆下去來讀取 RFID 卡片的識別碼，顯示 RFID 識別碼後比對 RFID 卡片識別碼和控制 LED。

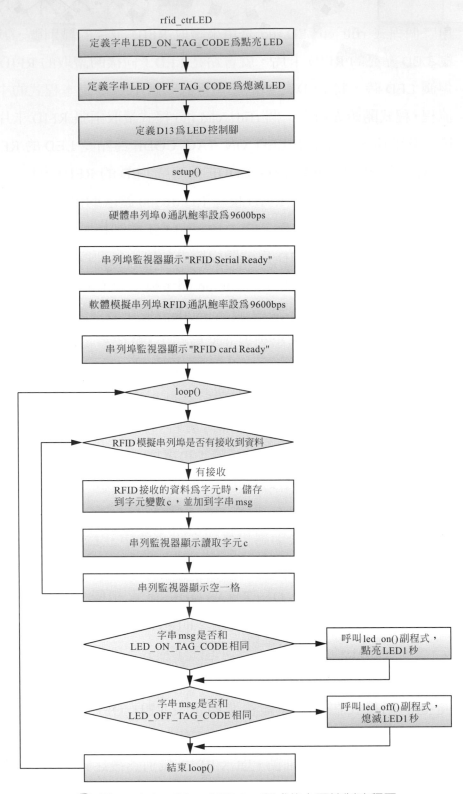

◎ 圖 10-4-4　rfid_ctrLED.ino 程式的主要控制流程圖

練習 利用 Arduino 發展 RFID 讀卡器，使用 16x2 文字型 LCD 顯示器來顯示讀取 RFID 卡片的識別碼。

（請由此線剪下）

歡迎加入 全華會員

● 會員獨享

會員享購書折扣、紅利積點、生日禮金、不定期優惠活動⋯等。

● 如何加入會員

掃 QRcode 或填妥讀者回函卡回直接傳真 (02) 2262-0900 或寄回，將由專人協助登入會員資料，待收到 E-MAIL 通知後即可成為會員。

如何購買 全華書籍

1. 網路購書

全華網路書店「http://www.opentech.com.tw」，加入會員購書更便利，並享有紅利積點回饋等各式優惠。

2. 實體門市

歡迎至全華門市（新北市土城區忠義路 21 號）或各大書局選購。

3. 來電訂購

(1) 訂購專線：(02) 2262-5666 轉 321-324
(2) 傳真專線：(02) 6637-3696
(3) 郵局劃撥（帳號：0100836-1　戶名：全華圖書股份有限公司）
※ 購書未滿 990 元者，酌收運費 80 元。

OpenTech.com.tw 全華網路書店

全華網路書店 www.opentech.com.tw
E-mail: service@chwa.com.tw

※ 本會員制如有變更要則以最新修訂制度為準，造成不便請見諒。

✂ （請由此線剪下）

# 讀者回函卡

掃 QRcode 線上填寫 ▶▶▶

姓名： 生日：西元 年 月 日 性別：□男 □女

電話：（ ） 手機：

e-mail： （必填）

註：數字零，請用 Φ 表示，數字 1 與英文 L 請另註明並書寫端正，謝謝。

通訊處：□□□□□

學歷：□高中・職 □專科 □大學 □碩士 □博士

職業：□工程師 □教師 □學生 □軍・公 □其他

學校/公司： 科系/部門：

· 需求書類：

□ A. 電子 □ B. 電機 □ C. 資訊 □ D. 機械 □ E. 汽車 □ F. 工管 □ G. 土木 □ H. 化工 □ I. 設計

□ J. 商管 □ K. 日文 □ L. 美容 □ M. 休閒 □ N. 餐飲 □ O. 其他

· 本次購買圖書為： 書號：

· 您對本書的評價：

封面設計：□非常滿意 □滿意 □尚可 □需改善，請說明

內容表達：□非常滿意 □滿意 □尚可 □需改善，請說明

版面編排：□非常滿意 □滿意 □尚可 □需改善，請說明

印刷品質：□非常滿意 □滿意 □尚可 □需改善，請說明

書籍定價：□非常滿意 □滿意 □尚可 □需改善，請說明

整體評價：請說明

· 您在何處購買本書？

□書局 □網路書店 □書展 □團購 □其他

· 您購買本書的原因？（可複選）

□個人需要 □公司採購 □親友推薦 □老師指定用書 □其他

· 您希望全華以何種方式提供出版訊息及特惠活動？

□電子報 □DM □廣告 （媒體名稱 ）

· 您是否上過全華網路書店？（www.opentech.com.tw）

□是 □否 您的建議

· 您希望全華出版哪方面書籍？

· 您希望全華加強哪些服務？

感謝您提供寶貴意見，全華將秉持服務的熱忱，出版更多好書，以饗讀者。

填寫日期： / /

2020.09 修訂

---

親愛的讀者：

感謝您對全華圖書的支持與愛護，雖然我們很慎重的處理每一本書，但恐仍有疏漏之處，若您發現本書有任何錯誤，請填寫於勘誤表內寄回，我們將於再版時修正，您的批評與指教是我們進步的原動力，謝謝！

全華圖書 敬上

## 勘 誤 表

| 書 號 | 頁 數 | 行 數 | 書 名 錯誤或不當之詞句 | 作 者 建議修改之詞句 |
|---|---|---|---|---|
| | | | | |

我有話要說： （其它之批評與建議，如封面、編排、內容、印刷品質等・・・・・）